EVERIGHT BOOK 永正图书

珠穆朗玛峰

峰　　顶　29,035 英尺
四号营地　26,000 英尺
三号营地　24,500 英尺
二号营地　21,200 英尺
一号营地　19,750 英尺
大 本 营　17,450 英尺

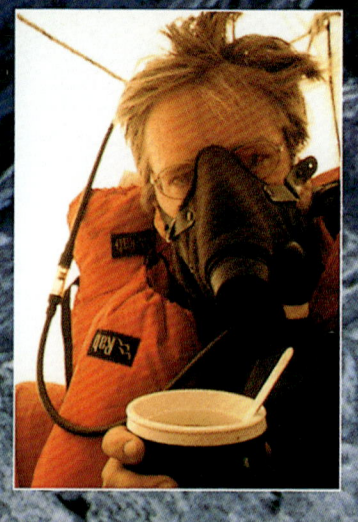

贝尔和米克在大本营参加普伽仪式

杰弗里正在海拔 26,000 英尺的四号营地吸氧以试图在第二次冲顶尝试之前多补充水分

帕桑，我们的冰瀑医生，他是这里最勇敢的人之一

在大本营的所有团队成员。后排：格雷厄姆，米克，迈克，博尔纳多，艾乃克，嘉伟恩，安迪，贝尔，亨利，卡拉，艾格瓦，艾德，杰弗里，奇帕，拉克帕。前排：艾伦，那素，内尔，罗，卡米，多瓦，鹏巴，帕斯，安

主图：牦牛队经过雪地向大本营运输装备

海拔24,000英尺的洛子峰冰瀑景象壮观,蓝冰在月光下光芒闪烁

在冰瀑海拔 18,500 英尺高的地方穿越冰隙

我们在缓慢地通过冰瀑地区

傍晚的西谷

山上的一具登山者遗体，安静地提醒后来者珠穆朗玛峰的威严

四号营地的黄昏：这里是全世界最高的营地，海拔26,000英尺。云层正慢慢遮蔽南坳边缘

上图是贝尔于1998年5月26日,上午7点22分到达海拔29,035英尺高的世界屋脊珠穆朗玛峰顶

在南部峰顶时,内尔在严寒中长时间等待,造成双脚冻伤

贝尔最后一次回到大本营。正午太阳下,晒得大汗淋漓,还喝着酩悦香槟

我们后一批冲刺峰顶的四个人,现在总算可以放松了

没有什么可以打败你

《荒野求生》贝尔珠峰历险记

〔英〕贝尔·格里尔斯 著　刘屈雯曦 译

北京日报报业集团
同心出版社

图书在版编目（CIP）数据

没有什么可以打败你/（英）格里尔斯著；刘屈雯曦译．——北京：同心出版社，2014.8
ISBN 978-7-5477-1300-6

Ⅰ．①没… Ⅱ．①格…②刘… Ⅲ．①成功心理—通俗读物 Ⅳ．① B848.4-49

中国版本图书馆CIP数据核字（2014）第185644号

版权登记号：01-2014-4548
FACING UP: A REMARKABLE JOURNEY TO THE SUMMIT OF MOUNT EVEREST
Copyright © Bear Grylls 2000
This edition arranged with Pan Books, an imprint of Pan Macmillan, a division of Macmillan Publishers Limited
through Andrew Nurnberg Associates International Ltd., London, UK.
Simplified Chinese edition
Translation copyright © 2014 by Guangdong Yongzheng Book Distribution Ltd.
All rights reserved.

没有什么可以打败你

出　　版：	同心出版社
地　　址：	北京市东城区东单三条8-16号东方广场东配楼四层
邮　　编：	100005
发　　行：	（010）65255876
总 编 室：	（010）65252135-8043
网　　址：	http://www.beijingtongxin.com
印　　刷：	东莞市信誉印刷有限公司
经　　销：	各地新华书店
版　　次：	2014年10月第1版 2014年10月第1次印刷
开　　本：	787毫米 × 1092毫米　1/16
印　　张：	22.5
字　　数：	267千字
定　　价：	48.00元

同心版图书，版权所有，侵权必究，未经许可，不得转载

献给帕桑和尼玛,
你们在冰崩中救我一命,我将永远受恩于你们。

献给莎拉,我的妻子,
是你给了我一个家。

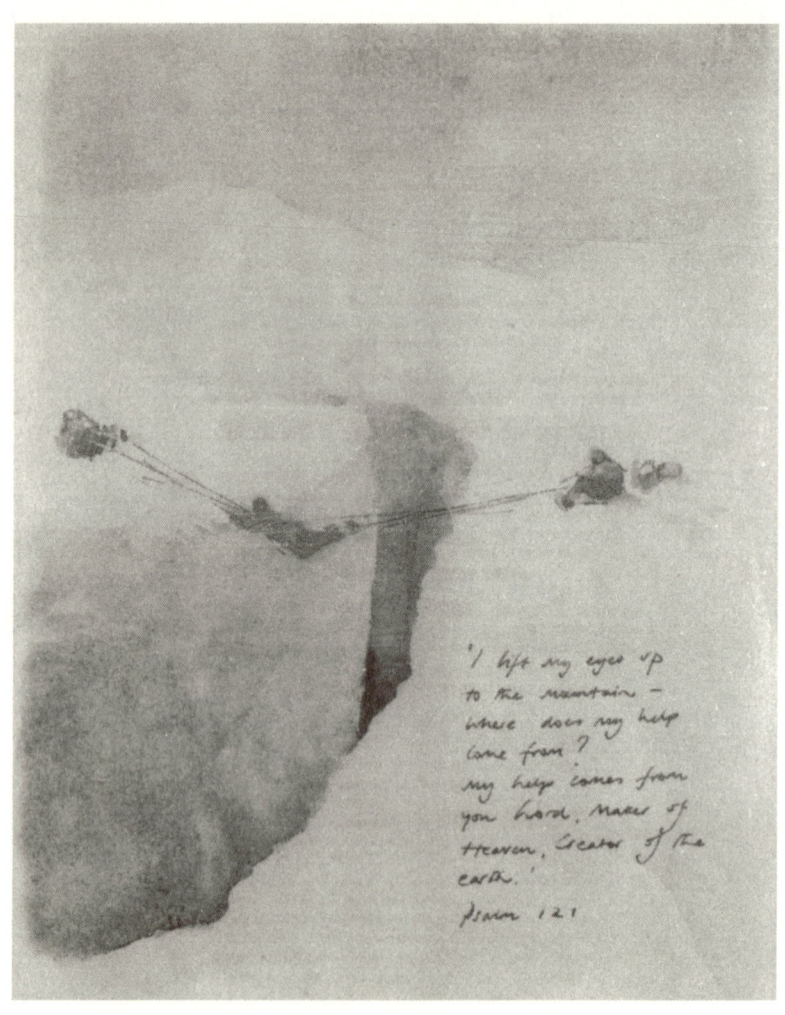

举目向山——谁能帮我?
只有你能帮我,
创造天地的主啊。
——《圣经》121

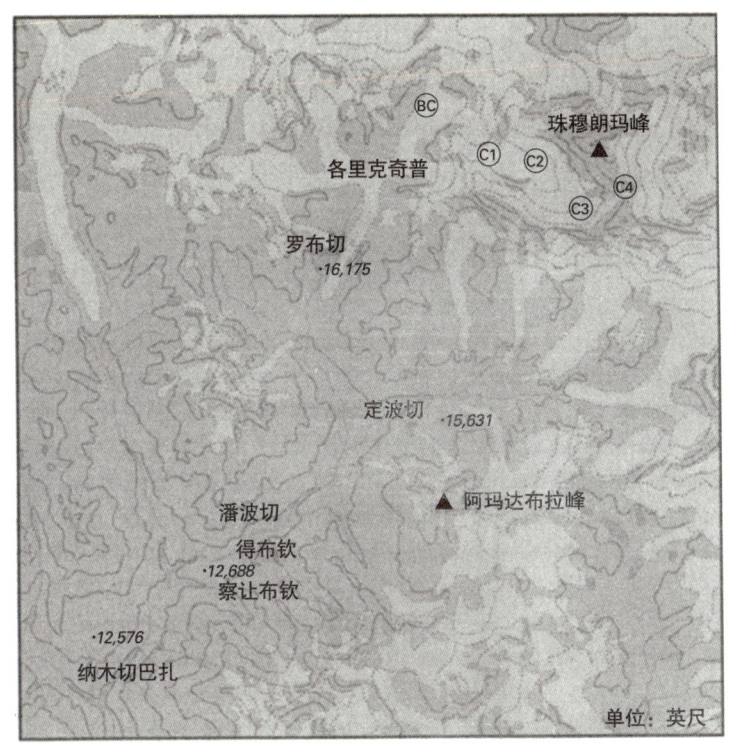

从山脚一直到喜马拉雅之巅

山　　顶　29,035英尺
四号营地　26,000英尺
三号营地　24,500英尺
二号营地　21,200英尺
一号营地　19,750英尺
大　本　营　17,450英尺

目 录
Contents

01. 我以为我死了 /001

　　1996年夏。南非,北德兰士瓦。16,000英尺高空。"跳!"当绿灯亮起,安迪走到舱口,朝下面望了望,毫不犹豫地纵身跳下。其他人鱼贯而出,我留在最后,深吸了一口气,后退一步,随后也一跃而下。风把我的身体捏成一道拱形,我只要稍微尝试控制我的身体,便能感到风的激烈反应。很快我就穿过了白棉花一样的云,远远地可以看见黄昏中蜿蜒的地平线。大概在3,000英尺高的时候,我把右手伸到臀部后面,猛地一拉伞索,"嘶啦"一声,降落伞打开了。可是似乎有什么不对劲。两三秒后,我才意识到,伞被风扯开了,裂成两半的伞像套在双轮战车上受惊的两匹马,惊慌失措地朝不同方向逃窜。坠速越来越快,地面越来越近,已经可以清楚地看见地面的沙子了。完了,一切都完了!我才22岁,就这样死了吗?我绝望地闭上了眼睛。

02. 没有SAS,为什么而活? /009

　　在病床上躺了3个月后,我被转入到部队康复中心。能活下来已属奇迹,能否站起不得而知,更别奢望继续留在部队成为一名可以上前线冲锋陷阵的士兵了。接下来我该怎么办呢?会在轮椅上度过漫长的余生吗?我还有那么多的梦想没有实现——特别是——自从8岁生日那天,父亲送我一张珠峰的照片后,我的血管里就一直奔流着征服珠峰的血液。可是现在……每天躺在病床上,我的心中充满了恐惧。好在命运对我厚爱有加,8个月后,我竟然奇迹般地康复;但另一个不好的消息是——我需要离开我曾经为之努力奋斗3年的SAS,没有了SAS,我要为什么而活?幸运的是,

目录
Contents

攀登珠峰的梦想拯救了我,我不顾家人反对,毅然加入了内尔珠穆朗玛远征队,我知道我必须得抓住这个千载难逢的机会。实现儿时就诞生的梦想——要么是现在,要么将永远只是个传说。

03. 我也有一个梦想 / 021

在印度神话里,喜马拉雅山脉的诞生充满了悲壮。传说有一天,魔鬼 Hiranyanksha 突然跳入大地,趁"维护之神"毗湿奴正在休息,撕碎了他的身体,然后扔上了天空。毗湿奴的碎尸落下来后,变成了莽莽苍苍的喜马拉雅山脉。高耸入云的珠穆朗玛峰是它的主峰,也是目前地球上海拔最高的地方,人迹罕至,充满了神秘、威严和死亡。直到今天,在人类首次成功登顶的 45 年之后,攀登珠峰的死亡率一直保持不变:每六个成功登顶者中,就有一个会丧命。尽管使用的登山装备越来越完备,能够运用的科技手段也越来越先进,但是,珠穆朗玛峰依然保持着她凛然不可征服的姿态。在攀登珠峰的历史上,迄今为止,只有 36 个英国人成功登顶,这 36 人不过是那些尝试者中极小的一部分。我,贝尔·格里尔斯,一个曾经摔断三段脊骨的前特种兵,会有幸成为其中的一员吗?珠穆朗玛啊,要想揭开你的面纱,我该付出怎样的代价?

04. 203和25,000 / 031

为了这场神奇的相遇,我一边进行攀登前的适应性训练,一边全力筹集这次探险所需的经费。25,000 美元的费用对于一个退伍的二等士兵来说几乎是不可能完成的一个天文数字。为了拉赞助,我和米克几乎翻遍了伦敦的每一条街道,挨个敲公司的门,饿狼一样捕捉着每一个能够赞助我们的机会。距离出发的日子越来越近,眼看不到 3 个星期了,还有 16,000 美元没有着落,整个事情似乎陷入了巨大的停顿。我的心里越来越绝望:如果筹集不到这笔钱,我将不得不从这次探险队里退出。然而天无绝人之路,在出发前两周,事情起了戏剧性的变化,有一天我骑车路过一条巷子,无意中瞥见一家名叫戴维斯·兰登 & 埃佛勒斯(Everest)的公司——在英语里,Everest 是珠峰的名字，这也许是冥冥中的一种暗示？于是我鼓起勇气，敲开了公司的大门。48 个小时后，我获得了 DLE 公司的赞助；而此前，我总共被拒绝了 203 次。

05. 徒步到大本营 / 049

我们目前所在的小镇卢卡拉海拔 8,500 英尺，深藏于喜马拉雅山脉脚下，我们将从这里行进 35 英里通往大本营。大本营位于 17,450 英尺的地方，要安全到达如此高海拔的地方，人体必须有充足的时间去适应。据我所知，首次攀登珠峰并且成功登顶的概率大概只有二十分之一。因此，米克和我更加觉得有必要让我们的身体尽早适应当地环境。接下来的日子，我们需要和当地的环境、气候来一场生死博弈。在蜿蜒曲折的山路上穿越无数多个山脉峡谷，9 天后，我们抵达了罗布切。我们甚至已经可以用肉眼看到在冰川的边缘，珠峰脚下，隐隐约约的大本营。道路在岩石之间蜿蜒而上，我们一直沿着一条旧牦牛道，在不同的大石头上爬上翻下，每走一段就不得不停下来休息。直到现在，我似乎才开始真的意识到马拉里所说的"面前不可能完成的任务"，要实现这个不可能完成的任务恐怕只能是个梦想吧。甚至到了目前这个地步，我心里还在摇摆。我甚至还在为眼前这 100 英尺的高度发愁，怎么可能爬上这么高的海拔到达眼前这个庞然大物的顶端呢？

06. "没有休眠存在的世界" / 073

头疼、呕吐、高海拔反应困扰着我们每一个人。我浑身无力，连搭帐篷也必须找人帮忙。这里充满了寒冷、极高海拔、岩石和冰雪，强大的风力能直接将人掀离冰坡。一开始，听到脚下的冰川时不时发出的呻吟，我总感到毛骨悚然。环顾四处，找不到一点熟悉的感觉。看不见一棵树，没有流淌的水流，脚下也没有泥土。身边唯一可以称得上慰藉的只有屁股下面坐着的垫子，还有那把三根弦的吉他。我们必须尽快适应营地的生活，并且在 4 月底完成适应训练，中间如果遭遇任何失误和不幸，我们都不可能活着回去。

目录
Contents

07. 坠进万丈深渊 / 089

19,000 英尺，咽喉峡。我第一次进入冰瀑。我正在靠着冰墙休息，脚下的冰面忽然裂开了个大口子。瞬间，地面破裂，我的身体开始急速下跌。跌落的冰雪追上我，重重地砸在我的头上，然后若无其事地继续往下坠往下坠……直到听不到一点儿声音。我感觉我的脖子几乎快要断了，不住地抽搐着。突然，我停止了下坠，一根绳子拉住了我。我使出所有的力气呼叫着，没有任何回应，除了这个冰窟窿里我自己的回音。我抬头看了看上面掉下的一束光，然后望了一下脚下的万丈深渊，绝望地抓紧绳索，我要死在这里吗？

08. 他们在哪儿？ / 109

"已经这么晚了，冰瀑医生呢？"藤巴嘟囔着，"平时这个时候，他们已经回来两个小时了，再过一会儿天就要黑了。"他说得没错。这里一到六点半，天就几乎全黑了。现在，已经是五点半了，天空看起来与以往有些不同，一片险恶的样子。米克和我拿起望远镜观察冰瀑，可是我们看不到冰面上有任何像人影的迹象。风刮得渐渐厉害起来，当黄昏来临，冰瀑彻底消失在旋转的迷雾之中。两个医生到现在还没回来，藤巴和其他的夏尔巴人都开始紧张起来了。

09. 最后的仪式，最初的远行 / 125

和尚诵经的声音在冰川上回响。一个大喇嘛在风雪里走了 20 多里路来到大本营，为我们主持了临行前的仪式。我们用石头建了一个祭坛，在仪式最后，喇嘛会在祭坛上竖起一面佛教旗帜。大喇嘛花了一整天唱诵，并向各位山神供奉了食物和酒水。对于夏尔巴人而言，仪式是登山中最重要的一部分。他们相信，如果没有山神的保佑，他们不可能在此驰骋。普伽一结束，每个人就会获得巨大的勇气。之后，不管发生什么事情，对我们来说都是命运。

10. 雪山上的复活节 / 149

　　4月12日，星期天，是我一年之中最喜欢的一天——复活节。在海拔17,450英尺高的冰原上举行仪式是一件特别神奇的事情。参加活动的人远远超出了我们的预料，因此帐篷里显得十分拥挤。我们一起祷告，祈祷山的保佑。我用支支吾吾的西班牙语念了一段经文，接着，乔唱起了《天赐恩宠》，她唱得非常动听。那天早上服侍结束后，帐篷里弥漫着一片欢乐的气氛。我走到帐篷外面，坐到一块石头上，拿出《天赐恩宠》的歌词又读了一遍：经历千辛万苦，恩宠赐我平安，恩宠带我回乡。

11. 最后的归程 / 177

　　三号营地的环境已经接近人体可以承受的极限，再往上走，人体机能会不断地消耗直至能量完全耗尽，还能坚持多久，就靠命运和运气了。我们都很清楚这样逼迫自己挑战自我极限的危险性。在19,450英尺的三号营地待了一晚上，我们准备下山，为登顶做最后一次尝试。下山的路上，我的动作变得有些笨拙。一不留神，脚下没踩稳，我在冰面上往下滑了一下，绳子撞到了一个正在上山的美国人的那边。有那么几十秒，我们俩完全静止在半空，面前就是深不见底的斜坡。我大口地喘着气，把头埋进胸膛，在海拔这么高的地方，我们都在尽全力逃脱这个危险游戏。我发誓这将是我的最后一次。

12. "终于走到了这里" / 191

　　现在，大部分的登山队已经回到大本营了。从现在开始，我们在等待季候风的来临。在最后登顶前，登山者都会回到大本营以下低海拔的地区进行调整。更高的氧含量能帮助人体更好地睡眠和恢复体能，这样，在登顶过程中，身体才能更有效地工作。现在，我们所有人都已经下山到了大本营，万事俱备，只欠天气了。内尔和杰弗里到距离大本营6个小时的定波切村庄休整，米克和我决定留在大本营。三星期之后，我们依然在焦急等待一个好天气，却等来了一个不幸的消息。

目 录
Contents

13. 求求你，别扔下我一个人 / 211

　　我们决定回到 14,000 英尺的定波切做冲刺前的最后休整。糟糕的是，我在那里传染上了慢性胸腔感染，我头痛欲裂，我的身体在发烧，每咳一次全身的骨头都在颤抖。最让我担心的是，天气情况开始好转，大部队都在做登顶的冲刺准备，我却因病留在了大本营。等待 20 多天得来的机会，就这样与我擦肩而过。

14. 这么近，那么远 / 227

　　这是孤注一掷，非常冒险的一次决定——我感觉自己恢复了一些，便决定登上二号营地，在台风离开后出发。当我到达 2 号营地，我的好友米克和内尔已经在去四号营地的路上。这一次，是登顶的绝佳机会，遥远的山顶不再遥不可及。但是，由于搞错了谁带哪根绳子，导致在距离珠穆朗玛峰顶 335 英尺的地方，没有更多绳子可用了，在经历了那么多危险和困难之后，这么近距离的靠近峰顶后，登顶又一次成为遥远的梦。就在他们准备下山之际，又一个噩耗传来，在约 26,000 英尺的高空中，我的好友米克命悬一线。

15. 我承认我很怕 / 247

　　这是我最后一次机会了。我焦急地等待着台风离开的消息，三天后，机会终于来了。我、内尔、杰弗里决定再次向珠峰进军。珠峰最后的 4,000 英尺是死亡空间，人类无法在此生存，一旦进入这个高度，就等于进入了死亡时间。低温、强风、雪崩、缺氧等时刻环绕在我们周围，拖着脚走在刀锋一样的山脊上，我们的目标越来越明确。在我的脚下是深不见底的深渊，在我的前面是高不可攀的峰顶。这是我生命的攀登，无论什么都不能阻止我。

16. 我跑出了地球 / 267

　　现在，我把地球给踏遍了。1998 年 5 月 26 日早上 7 点 22 分，珠峰之巅张开双臂迎接我的到来。护目镜下，泪水早已奔出眼眶在我脸上肆虐。我血脉偾张，不敢相信自己竟然真的可以站在珠峰顶上。太阳在西藏上空冉冉升起，整个山岭沐浴在一片绛红色的光中。站在世界之巅，我是那么的渺小，但我能感觉到一股奇异的力量的存在，是上天特别眷顾我才让我登上了世界之巅吗？虽然科技已经可以将人类送上月球，但没有任何科技可以将人类送到珠峰顶端。只有踏踏实实一步一步经历危险从珠峰身上爬过，才有可能到达峰顶。这不禁让我感到非常骄傲。

17. 时间把时间借给了我 / 291

必须下山！我的氧气快用光了！还有不到五分之一罐氧气，我必须靠这点氧维持到露台地区。我怀疑自己是否能办得到，如果还有一线希望的话，我必须马上离开。在下山的途中，我们幸运地避开了一场雪崩，回望着滚滚的白雪和破碎的冰川，想起生死交际，命悬一线之时，我忍不住放声痛哭。直到回到大本营，那些担心，那些紧张，那些压力才像风一样远去。太阳照在身上暖洋洋的，我知道，现在已经安全了。

18. 为什么会是我？ / 313

"是什么让一个还乳臭未干的23岁男孩宁愿冒生命危险也要看一眼西藏？"我不知道。如果硬要说我学到了什么东西，那一定是珠穆朗玛峰允许我们走到她的顶端，并且在那么多人丧生的地方，让我们捡了一条命回来。飞机带上我们，如自由的鸟儿瞬间飞过喜马拉雅山谷。我坐在直升机的后面，看着我们过去的三个月在远处变成一束微光。那个严寒、险恶、冰冷的世界，渐渐被抛到身后。这样一片梦想禁地，曾经让我们短暂停留片刻，并且我们都活着回来了。

后记 / 327

附录1 / 331

附录2 / 332

前言

"征服珠穆朗玛峰的感觉怎么样?"

贝尔结束珠峰登顶之旅返回英国不久,他在伊顿大学做了一次演讲。那天,他和一起挑战珠峰的伙伴米克·克罗斯维特一起出现在学校。毫无疑问,那是我在学校里听到过的最精彩的一次演讲。观众席中,有人向他抛出了这个问题。

他的回答非常富有启发:"我从来没有征服过珠穆朗玛峰,而是,珠峰允许我从一面匍匐向上,然后在顶上停留了几分钟。"

有些观众可能已经预料到了这样的答案,但是,这句话的确展示出贝尔在与山林相伴中才能学到的卓越智慧。

在罗伯特·恩里克的《史密斯船长和他的伙伴们》一书中,他把登山喻为他最近所经历的一场战争。罗伯特在二战中曾是特别行动小组的一员,对于那些没有经历过战争或者缺乏登山经验的普通读者来说他的这个形容更像一个事实。其实,许多士兵都曾在山脉间度过大量的时间,如果把这解释为额外训练就太浅显了,这绝非偶然。

战争和登山,二者都可以深刻影响一个人对世界的看法,以及他在这个世界中的对自己角色的定位。

无疑,也只有涉及生死抉择的事情才会拥有如此强大的力量。当生与死的机会处在一架天平上时,它才具有改变一个人的力量。登山,就是这样的一件事情。

对大多数人而言,普通的生活永远不会把我们逼入这样的境地。即便是经历过生死,也只会被迫地面对身体的疾病,或者人为而非自然的其他生死攸关的事情。

这本书讲述了一个人不同寻常的生死经历，它让我们有幸窥见他在探寻生死的过程中展现出的智慧和力量。作为一本书，实在是很难拿它来做比较。贝尔是有史以来最年轻的登顶珠峰的英国人，他的理解，他的诚实，以及他的自我觉察是很多人一生所未能达到的高度。我们，有幸作为他的读者，不仅体会到他矗立在伟大山脉之间的高度，同时，更能感受到他所体现出的人性的光辉。

克隆内尔·大卫·库佩 牧师

致谢

献给那些来自喜马拉雅的可爱的人：你们是尼泊尔的恩赐，作为你们的朋友我是如此之幸。申帕•尼玛，申帕•帕桑，卡米，藤巴，安，帕桑•多瓦，巴布•启力，安•塞玲，还有尼玛•拉姆。

献给我的团队：感谢亨利•托德和内尔•兰顿对我的信任，感谢我的朋友和兄弟米克•克罗斯维特，我对你的尊敬无法说尽。吉尔福利•斯坦福船长，格雷纳迪尔•盖茨，乔•龙沃斯，爱德华•布拉德，安迪•拉普卡斯，艾伦•斯娃，米歇尔•顿，卡拉•威洛克，拉罕•莱特克里夫爵士，伊娃•珀斯，艾里•那素•曼陆基，斯科特•玛奇，你们是最棒的。

献给那些在山脉间与我相伴的人：感谢托马斯•肖格伦和蒂娜•肖格伦挽救了米克。伯纳多•瓜拉奇，伊纳里•奥乔亚，布鲁斯•尼文，大卫•李，新加坡珠峰探险队，帕素•萨图洛，桑迪普•狄龙船长，汤米•因里奇，伊朗1998珠峰队，你们身上体现出山林的品质——勇气、尊严和幽默。

献给那些给予我们支持和爱的人们：感谢妈妈、爸爸和娜拉，你们为爱承受了如此的伤痛。你们是我最好的朋友，感谢你们。耐威尔爷爷，感谢您的慈爱和笑容，您是我最好的榜样。詹姆斯，芒果。莎拉，我的天使，感谢你的爱、耐心和善良，感谢你一直以来的陪伴。帕里克•克罗斯维特，萨利•克罗斯维特，隆尼•兰顿夫人，这本书也是关于你们的。

献给那些给予我们信任的人：感谢戴维斯，兰登和珠峰的朋友们，感谢你们给予的信念。正是因为你们的意志DLE才可能成功，你们是先驱者。伊夫•瑟伦，海陆空家属协会，感谢你们对一个衣冠不整的乡巴佬的支持。你们让这一切充满乐趣，你们在不列颠服务中心的工作卓越非凡。克隆内尔•大卫•库佩牧师，理查德，还有苏•奎贝尔，你们给了我无法言喻的启示。杰•马汀，NSA，感谢你们"Juice Plus"的支持。里维斯•马克诺特，史蒂文• 戴，金妮•邦德，贝蒂•林德赛，感谢你们巨大的耐心和帮助。

感谢那些为我的研究提供帮助的人：伊丽莎白·霍利，保罗·迪根，以及皇家地理协会。

献给那些最棒的：布鲁诺队，感谢你们一直的支持。胡戈·迈多克斯牧师，艾索尔·贝尔和南，感谢你们的祷告。查理·麦克，感谢你我的朋友。山姆·赛克斯，感谢你在整个项目中付出的时间和精力。艾玛·麦克格林岛，泰斯上校，福萨，艾特，还有……还有安娜·贝尔，汤姆，怀特·思加图，感谢你们在本书编辑上提供的帮助。安东尼·怀特里奇上校，朱迪·瑟斯兰德，胡戈，沃奇，布莱恩，温妮，丹S-B，迈克·汤姆，感谢你们在我还是个孩子的时候就带我认识山峦。大"E"中队，谢谢你的鼓励和幽默感，我常常会想起和你在一起的时光。鲍勃下士，感谢你对我的信赖。

贝尔
1999

Bear Grylls

A special trip to climb mount Everest

01　我以为我死了

上帝的召唤常有初始、死亡和复活。

——艾德·阿迈尔斯

天色开始变暗，非洲太阳的光辉逐渐被傍晚暖色的光线替代。我们大家挤在一架小型飞机里，我的双脚开始抽筋。我试着用力，好让血脉通畅。好在后背上的降落伞还算舒服，但是，你总是不能放心地靠上去，因为总是会担心不小心弄破任何地方，或者不小心打开降落伞。如往常一样，我开始慢慢挪动。当飞机爬升到距离地面16,000英尺的地方时，大家开始变得沉默，没有交流。每个人都沉浸在自己的小小世界里，空气中仿佛带着电荷，紧张感在安静地蔓延。

当我们的飞机再次加速倾斜升空时，我从小小的窗户向下望去，非洲盆地已经被抛得很远；在这样的高度，你可以看见陆地上蜿蜒的地平线，一阵温暖和平和感将我包裹。

我蹲坐在一角，双脚还在抽筋，心情依然紧张。但是，就是在如此神经紧绷的情况下，我体会到某种神奇的平静，一种让感官变得更灵敏的平静。

飞行开始平稳起来，大家又开始警觉地挪动，反复检查装备。所有人都保持蹲着的姿势，有人已经走到了舱门边。当舱门沿着滑轨打开，引擎和时速70英里的气流产生的狂暴噪声立刻打破了平静。

"红灯亮了起来"，我们屏住呼吸凝视着闪光灯，一切变得出奇的安静。"走"，绿灯亮起。安迪走到门口，朝下面望去，很快纵身跳下。于是，其他人也一个接一个往下跳，只剩下我还待在货舱。我朝下面望去，深呼吸紧接着滑落下去。风把我的身体捏成一道拱形，我只要稍微尝试控制我的身体，便能感到风的回应。当我把一只肩膀下沉，风立刻将我转了个弯，地平线便出现在了我眼前。这种感觉可以简单地概括为"天空的自由"。

那些在我之前跳下飞机的队友已经变成天空中的小点，之后便消失在云层之间。没过多久，我也开始在云层间降落，它们潮湿地打在我的脸上。

应该很快就会穿越这片云层，我心想。但是，周围还是云层。我看了一眼高度计，却很难看清楚。

"我必须现在把降落伞打开，否则只剩我一个人在这儿了。"

我把手伸向右边屁股上的开伞索，使劲一拉，没什么意外发生。顶罩打开了，伴随一声猛烈的撕扯，甚至超过了时速120英里自由落体的噪音。我的下落速度下降为时速15英里，冲击声突然停止，此时我应该算是安全了。像往常一样，我抬头往上看，检查降落伞是否平衡，以确保伞已经完全打开。但是，这次并没有。

我使劲看了两三秒，才意识到我的降落伞没有如往常一样打开。它没有形成平衡的伞状结构，而是一团惨不忍睹的凌乱。开伞的力量已经将降落伞撕扯成两半。伞体已经不成样子，活像套在双轮战车上的两只马匹，惊慌地向不同方向飞奔。我只能使劲按两个控制按钮，试图让它们发挥点作用，但是，完全无济于事。

我又尝试了几遍，却只听见里面发出的噪声，似乎快要承受不住充气的压力。身后，已经离荒漠越来越近，渐渐可以看清楚地面上的物体。我的降落速度快得有点离谱。我发疯一样地想风在哪个方向。我意识到，现在把预备伞打开已经为时过晚，我只能这样降落了。距离地面又近了一些，我依然在高速下坠。我使劲把预备伞打开，尽量往高处开，这样会使我的身体转到水平方向，之后，我感到自己重重地摔在地面上。

我惊醒过来，一下子从床上坐起来，大口地喘气，全身已经被汗水湿透。这已经是我第三次梦见事故发生的时候。每次，我都试图把它赶出头脑，但是那些画面总是挥之不去。在那次事故中，我摔断了两根椎骨，还有一根严重开裂。第一次给我检查的那个苏格兰医生告诉我说，我的脊柱差一点就残了，那样的话，我这辈子只能瘫痪在床。

夜里，我的背痛开始加剧。尽管医生们已经告诉过我这一点，但是，当射穿身体的剧痛袭来，我仍忍不住躺在床上抱紧头，尽力缓解痛苦。

我在医院进行治疗的最初几个月里，常常有朋友过来探望我。这时候，我总是会努力挣扎站起来向他们表示感谢。我必须穿上背部支撑套，然后系好安全带，这样简单的动作，对于当时的我而言，也会非常费劲。我感到自己很无力，以这种状态去面对我的朋友们，我也很尴尬。我心想，真希望他们没有看到这个样子的我。

记得有一次，我和一个来看我的朋友玩橄榄球，没过多久，疼痛又开始发作。于是，我就被爸妈劝回到床上去了。

对于他们而言，我的那次事故简直就是地狱，但他们仍然坚强地熬了过来。

在非洲当地医院治疗的那几周里，我给我妈妈通了一次电话。我摘下氧气罩，想安慰她几句。电话里，妈妈很伤心，声音好像一碰就碎的水滴。我恨自己给家人带来如此悲痛的消息。从我返回家乡的那刻起，妈妈就寸步不离地跟随我到各个医院和医生那里，无微不至地照料我。她知道，她差点儿就失去了我。

我在病床上躺了三个月。我的计划，我的梦想，就这样被撕得粉碎。对我来说，那段日子里，任何事情都充满不确定性，我甚至不知道自己是否还能继续在部队待下去，更不知道自己还能不能康复。只是一瞬间，我的世界整个翻转了。我害怕身上刺骨的疼痛会伴随我一生，我不想这样活下去。

我害怕自己再也无法做那些我曾经非常热爱的事情，登山、航海，甚至是爬到家门前我最中意的那棵树上坐坐，一个人静静思考。没有人知道我究竟能否康复，我的医生们也没法回答。正是这种不确定性让我非常不安。

我八岁的时候，爸爸给了我一张珠穆朗玛峰的照片。从那时候起，我就被它深深迷住了。我会拿着照片比对测量那些巨大的冰面，试图判断那些山峰坡面的陡峭程度。于是，我在脑海中开始幻想，我感到自己已经站在那些陡峭的坡面之上，感受山风刮过我的脸。从那些日子开始，攀登珠峰的想法就种在了我心底。

小时候，对回家的期盼是驱赶上学的无聊感最好的办法。我期待和爸爸一起爬上怀特岛的峭壁上。我会一直缠着爸爸，直到他肯带我出来攀岩。

我套上那双鞋码偏大的旧登山鞋，给我们的车加满油，一起开进山里去。每次进山时，我们会把两条狗也带上，一只是谢德兰牧羊犬，另外一只是腊肠。

我最喜欢在冬季的时候爬山。行走在旷野之中，寒风刮过脸颊，甚至把眼泪都吹了出来。爸爸匍匐在峭壁上攀爬，我则努力跟在爸爸身边。从远处望去海边的峭壁非常骇人，所以，妈妈总是不准爸爸带我上去。这反而让我的每一次攀爬更加激动人心，因为这是不被允许的。

"你只有亲身体会之后才能知道究竟有多险峻。"爸爸常这么说。他是对的。靠近那片峭壁的是一些不太好走的登山道。窄窄的羊肠小道成列地蜿蜒而上，我们每前进十英尺就坐下休息一会儿。每次离礁石还有几步的时候，爸爸就会弯下腰把我举起来。我们会在靠近峭壁的地方坐下，一边尽情享用从家里带来的美味，一边沉浸在岛上的美景之中。这一切是如此美丽。

这种时候，我们经常会走到最接近悬崖边的草地上躺下。如果正好被附近上年纪的人看见，他们通常的反应是惊慌不已，瞪大眼睛，脸上带着一种不可思议的表情，然后不赞成地摇着头往山下走。每当遇到这样的事情，总让我感到我们的冒险更有意思。

在和爸爸一起攀爬的时光里，他经常会跟我说起他在皇家海军的攀登经历，试图把他所知道的一切都教给我，"任何时候都要保持和地面的三点接触。不管你有多害怕，一定要慢慢移动，永远，永远保持冷静。"

现在，当我重新看到那些峭壁，童年的情绪涌上心头，我不禁莞尔。那些现在看起来那么小，一点儿也不可怕的峭壁，对当年才八岁的我来说，仿佛是攀爬在全世界最险峻的地表之上。每次假期回到学校之后，我总是觉得自己跟别人不一样，因为在我看来我已经完成了非常非常艰难的任务。

我躺在床上，想到过去的那些点滴，不禁笑了出来。卧床不起，不能活动，整日整日地待在室内，不停地流汗，心情也特别沮丧，回忆和想象是唯一能暂时忘却眼前困境的办法。我还有很多想做而没有做的事情，还有很多想去而没有到达的地方。

突然，我的心里好难受。以前，我总是把健康视为理所当然，可是，当面对现实给我造成的这一切，那些梦想，曾经被我忽视的梦想，变得更加真实强烈，反复出现在我头脑中。

躺在床上，手上打着绷带，这样的日子给了我大量时间去想这些事情。可是，想到自己现在的样子，不知道还要躺在床上多久，我宁可不去想，还不如忘记那些美好的梦想。我的世界仿佛静止了。

环顾一下我的卧室，那幅珠穆朗玛峰的旧照片已经开始脱落。我不知道它这是在为我感到遗憾还是在嘲笑我。我挣扎着够到这张照片，把它从墙上摘下来。现在把它继续挂在那已经没有任何意义了。

想要攀登珠峰的儿时梦想开始变得比以往任何时候都强烈。在那些卧床不起的日子里，我一遍遍回忆起和爸爸一起攀爬的快乐，心里默默期盼有一天能爬上世界之巅。我一直记得这个愿望，不只是把它当成一个小孩子的天真幻想。这样的想法让我身体上的痛苦减轻了一些。

Bear Grylls

A special trip to climb mount Everest

02　没有 SAS，为什么而活？

长久以来，人们一直在为勇敢和愚昧的界限争论不休，其实，它们之间的差异并不重要。

——第二次世界大战不列颠空军飞行员

在病床上休养了三个月之后，我被转入到部队康复中心。现在，我可以下床活动了，但是疼痛一直缠住我不放。身体的任何部位都必须小心呵护，经不起一点伤害。比如说，当走路转弯太快，身体马上就会剧烈疼痛收缩。我觉得自己真的很可怜。

在接下来的六周时间里，我每天都在接受治疗，包括由一名身体康复教练悉心指导的三个小时伸展锻炼和两个小时的物理治疗，然后再重复一遍。慢慢地，我又能完成那些动作，身体开始恢复力气。我开始重拾自信，我知道自己正在痊愈。

在事故发生后的第八个月，我终于可以从康复中心出院。那时候，我的背部已经基本上能完整地完成动作。医生告诉我，只要我继续保持康复训练四个月，我可以"恢复到更好的程度，并且，将会是最幸运的"。我就像一个偷偷在水池里撒尿被抓现场的三岁小孩，有些害羞，但还是忍不住窃笑。收拾好行李，终于，我走出了康复中心的大门。真的,我太幸运了。

整个康复过程让我深切体会到,生命有多宝贵。我花了很大代价才认识到这一点。我差点就终身瘫痪,但感谢上帝,我依然如此健全。不管如何,在生命的博弈中,我从自己的教训中已领悟太多。我依然感到后怕。

夏季结束前的一个清晨,一切如往常一般美丽。我坐在阳光之下,一阵伤感毫无征兆地将我包围,我不知道是怎么回事。我给自己倒满一杯利宾纳,脑子里开始回放过去的那些片段。

在特种航空部队度过了精彩绝伦、所向无敌的三年时光之后,我艰难地选择了离开。我的这份部队工作性质非常残酷。如果我不是在部分训练科目上缺席太多,我此时应该在夜空下进行跳伞了。不管是什么行业,前进的道路总是容不得半点懈怠。

部队那方认为我已经无恙,完全可以像从前一样从事跳伞。即使在经历了那么严重的事故之后,他们认为我已经康复并且"完全符合"要求。但是,至于未来我究竟能做到什么程度,这又完全是另一回事了。

我的父母坚持让我征求医生的建议。那些医生们都用不可置疑的语气告诉我,如果我继续从事这一行业,我肯定是"精神错乱"。他们向我保证,如果我继续进行高负重的军事跳伞,即便能勉强完成落地,不出10年的时间,将导致背部严重的关节炎。

看来,两方阵营的观点非常相左。但是,这次我并不打算冒这个险。为了能在部队多待几年,已经多次把生命置之度外并活到现在,我已经相当幸运了。但是,不管怎样,离开对我来说还是一个相当艰难的决定。我将无法与一些我最好的朋友并肩作战。我不得不把战靴"束之高阁"。

我感到自己没有选择。如果不能满足军事跳伞的基本要求，我也不会当一个"不够积极"的成员。这次事故让我付出了沉重的代价。

我很珍爱在部队的时光，对于我而言，能够为我们团服务是莫大的荣耀。他们的专业程度以及幽默感无法比拟，他们给了我第二个家。我19岁时进入部队，人生中第一次体会到作为一个男人所应受到的信赖和鼓励，我亏欠他们太多。

我在军事院校的朋友们毕业后大多数都进入护卫队，或者去骑兵部队当军官。但是，我决定从一个不太一样的角度去体验军队生活。

我提出了"二等兵"申请，这是部队最低等级的职位。我从最底层做起，这样，我就能体验到真实的士兵生活是什么样。因为都是二等兵，不存在级别差异，你看到的只有那些优秀、诚实并且偶尔疯狂的人，而不是其他任何华丽、耍心机的东西。成为一名二等兵，是我到目前为止所做的最好的决定。我尽全力让自己做到心目中一名好战士应该做到的那些。我和我的那些战友们同甘共苦、出生入死，已经建立了深厚的友谊。我会一直想念他们。

离开部队之后，我怀着忐忑不安的心情，试着寻找一个所谓职业目标。选择，哦不，要找到一件令我感到适合自己的事情已经变得越来越难。一次又一次的失望和打击，似乎是在向我证明，我的选择只剩下那些无处不在的普通乏味的职业。这样的现实着实令人伤心。你可以想象，当一个人站在谋生和梦想的天平之间心里所经受的矛盾和痛苦。脚下的路非常艰难，但我所知道的是，我选择了追随内心,发疯一般地寻求出路。

不多久,我得到了一个消息,至于这个消息是如何传入我耳朵,现在已经记不太清楚,但是这个消息给我带来了极大影响。我听说一个老朋友正在策划组队,尝试攀登珠穆朗玛峰。此人正是内尔·兰顿,前皇家海军敢死队员,一个精力充沛、意志坚定的人。在后来的相处中,我慢慢意识到,他也是所有我曾经一起共事的人当中最有决心的一个。

1996年,内尔就曾去过珠穆朗玛峰。那一年,因为暴风雪,一天之内,八名登山者在途中遇难。这个数字是攀登珠峰历史上单次死亡人数最多的一次。在这八名遇难者中,有的是在距离帐篷50米的地方被冻死的,其他人则是因氧气耗尽致死,尸体最终在珠穆朗玛峰凶险的山坡上被找到。

那次灾难发生时,内尔已经登上了26,000英尺,这是一个相当了不起的高度。当晚,内尔守在四号营地,他蜷缩在帐篷里拼命支撑着自己和寒冷做殊死抗争,完全无法顾及到外面发生了什么事情。就在那些遇难者冻死在营地附近的48小时前,内尔刚刚从山上捡回了一条命。

现在,他再一次组队出征,尝试登顶世界屋脊。

究竟是怎样一座无与伦比的山峰,驱使人们冒着血肉之躯为其祭奠的危险,为了站在顶峰的那一刻而奋不顾身?虽然距离上次的悲剧时间不短,但内尔非常坚定地要回去。我感到,自己内心深处的某些东西也在开始复活。

我想起孩提时在家乡登山的那些日子。从那时候开始,我就经常登山,对大山的热爱从来没有改变。但是,攀登珠穆朗玛峰的梦想一直被我深藏于心底。我以为我受伤以后,自己的体能再也无法恢复到原来的水平，因此，我在心里也理所当然地让那个梦想慢慢变为灰烬。可是，突然之间，那些已经失去很久的感觉像洪水一般不可思议地浸入我的全身。

18岁的时候，我曾和一个老朋友为几个月后要离校时该干点什么刺激的事情而绞尽脑汁。我们把目标瞄准了印度军队。在发出无数的信件和请求之后，我们终于来到了北印度的喜马拉雅山脚下，陪伴我们的是一位举止文雅、裹着头巾的高个子将军。

我们一起在锡金和西孟加拉的村庄之间行走了数月。在这些不同寻常的地方，遇见了各种脾气古怪的被驱逐的人。在徒步跋涉即将结束的时候，我们非常想回到文明社会之中。一天晚上，将军在他的"寒舍"给我们安排了一群舞女表演助兴。那些舞女摇曳的身姿让醉醺醺的将军看得非常高兴，而我和我的朋友只是试探性地抿了几口威士忌。

没过多久，将军决定"退出"这个"时间尚早的夜晚"。一个小时之后，我们已经对眼前的视觉刺激感到疲惫，起身抱歉，需要提前"退出"。我们觉得回房间睡觉之前，有必要到将军的房间向他表示感谢。

当我走到将军房间门口时，目睹了让我非常吃惊的一幕。那位好心的将军的臀部正在一名侍女身上猛烈地上下抽动。头巾和衣服散落一地。他那时已全身心地投入到自己的欢愉中，以至于完全没有注意到我的存在。我急匆匆地退出他的房间，感到非常尴尬。从那以后，我们开始以一种新的眼光看待这位将军。第二天共进早餐的时候，将军称他自己就像一匹"奔腾的种马"，我们对此丝毫没有质疑。虽然他所说的是他过去穿越印度的日子，我们的理解却是更加深入全面的。

在我们一起度过的最后一周里,将军送我们去了位于大吉岭的喜马拉雅登山者学院。这是一个专门教授高级冰上攀登技巧的学校。我怀着吃惊和崇拜之情在学院的博物馆里参观,久久地凝视着展览中珠穆朗玛大事记上的长得没有尽头的名单。我的激动之情难以抑制。在这里,我看到了我所知道的有关攀登的最高成就。在这里,记忆属于那些卓越之人。我完全被迷住了。

离开印度之前,将军送给我的一句忠告是"将来,有机会的话,要去试试攀登珠穆朗玛峰。如果你能得到训练、尽力发挥出你的力量,再加上一点运气,你就可以成功。还有,记住,要走小步子,这是往高处爬的关键"。

当我坐在家里回忆起将军的这些鼓励,我意识到这次可能是我的机会,一次能让我梦想成真的机会。我感到有一股不可抗拒的力量在推着我走下去。

也许,正是在非洲的那次死里逃生将我儿时的梦想又重新点燃了吧。对此,我也不是完全明白。但是,在部队的那些年,我也学会了一些道理。其中,罗斯福的一篇演说曾经是我们经常读到的,并且仍然很清晰地印刻在我头脑之中:

荣耀既不属于那些评论家,也不属于那些批评勇敢者如何畏缩,或者对行动者指手画脚的人。

荣耀属于那些身处现场的人:那些脸上被尘土、汗水和鲜血玷污的人,那些拼死奋战的英勇之士,那些在夺取最后的胜利时有幸被人们所认识的,以及那些不幸失败,但是依然无所畏惧的人。这些人,应该永远和那些冷漠胆小,从未尝试过胜利或者被打败滋味的空洞灵魂分开……对于那些为了心中信仰奋力拼搏的人所品尝到的真正的生命的滋味，是那些懦弱者永远无法了解的。

也许，现在正是我去实现自己梦想的唯一机遇。登顶珠穆朗玛峰——这个梦想的实现，要么是现在，要么，将永远只是个传说。我又翻出了一年多前被自己藏起来的那张老照片。那还是在我治疗期间的事情。现在，我又敢让自己去尽情梦想了。

1997年4月20日，上午10点，我喝下两杯自家酿的苹果酒，给自己鼓鼓劲，然后拨通了内尔的电话。我们的对话非常简短，几乎是以最外交辞令的方式结束。

"如果你当真考虑的话，明天回我一个电话，我现在得走了。"

我花了几乎一整个上午在纠结是否给内尔打电话，然后用了20分钟才说出希望加入他的登山队，相比之下，他的回复却相当简短。我希望自己听上去太紧张，也想知道内尔会怎么看我，但愿我的用词没有太多不合适的地方。

像大部分人一样，我也有很多弱点。其中一个弱点是，对于办事拖延的高级军队官员所提出的要求，我几乎是不假思索地接受。所以，我自己得到的结论是在完成一件事情之后再评判其是否值得或更有意义。因而，还是不要打破我保持了这么多年的习惯了吧，按照内尔的话，第二天我给他去了个电话。

"请给我这个机会，我一定会全力以赴的。我是非常认真地请求您。"我说道。

基于我当年在喜马拉雅远途中的表现，他同意了。不过，他坚持要有关我在高海拔地区应对情况的一手资料，并坚持要我加入一支前往被誉为"世界上最美的山峰"的阿玛达布拉峰登顶的登山队。根据攀登的情况,我将有可能成为内尔的不列颠1998珠穆朗玛远征队的第一名成员。我决定不向他透露任何关于我的跳伞事故的消息,那时,我觉得他是不会明白的。

当我放下电话听筒,突然有一种快要沉船的感觉。我清楚,刚才在电话里所做出的承诺将把我从自己的舒适区里甩出得老远。对于刚才自己究竟干了什么,我自己也不确定。但是,我必须向前看,我不能一辈子活在过去事故的回忆里。我需要一个全新的开始,现在,就是我的机会!我感到自己又活了过来。

我妈妈常常说:"承诺就是不管话说出去了多久,都一定要说到做到。"现在,我的承诺就差实现了。对我来说,我已经做出了选择,我需要的是坚持下去的勇气和力量。

接下来的日子里,想到未知的前方,我还时不时会担心。但是,一想到每天开车到办公室上班的重复日子,我的担心很快就被冲散了。我决定把一切都压在这上面了,我的脚趾头开始感到刺痛,我便绕着房子跑步,并模仿动物的叫声,应该没有被别人听见吧。

几天之后,我向家人宣布了我决定加入内尔的登山队的消息。在这之前,当我决定离开军队时,对于我的家人来说,他们多多少少舒了一口气,以为我会从此过上一种更平静安稳的生活,不再为我操心。他们这么想一点没错,不让他们操心也正是我的想法,因为,我的家人已经因担心我的安危操碎了心。但是,这一回,攀登珠穆朗玛峰的想法在我的脑海中已经挥之不去。

我知道,那些尝试攀登的人当中,只有极小部分最终会成功登顶。而这些成功登顶者中,第一次就能成功的几率,更加微乎其微。在珠峰上，你无处可藏。能够成功登顶的可能性是如此之小，因此，你必须做好接受失败的准备。但同时，山峰也是能够成就你的地方。在那次事故之后，这是我想听到的话。置身于山间清风和新鲜空气中，我总是会感到获得新的力量。现在，我是如此需要呼吸这空气，感受这清风。在军队服役时，相当一部分时间里，我都生活在崇山峻岭之间，我也非常怀念那熟悉的地方。现在，我终于有机会回到那个熟悉的环境，我愿意为之去冒险。我渴望能够亲眼看看照片中的珠峰的真实模样，我渴望研究那些坡体的斜度，更渴望从世界屋脊之上瞭望大地的曲线之美。去攀登珠峰，我早已在心中默默决定。

在我向家人宣布了这个决定之后，我的爸爸妈妈，特别是妹妹娜拉都认为我非常"自私和不友好"，并且相当"愚蠢"。妹妹和我偶尔会闹矛盾，但我们从小几乎无话不说。这种相互坦白让我们的关系更加牢固。我和妹妹之间比和其他任何人都亲近。我想，正是因为我们之间如此亲密才导致她对我要攀登珠峰这个决定这么抗拒。

即便我爸妈最后非常无奈地接受了这个主意，娜拉对那个单词"E"（译者注：珠穆朗玛，英文为Everest）依然厌恶至极。不管我尝试说服她多少遍，也丝毫不奏效。

说服我的爸妈也并非易事。他们提出了接受我这个决定的条件：如果我不幸丧生，我妈妈将离开我爸爸，因为爸爸是第一个赞成我的人。我感到非常难受，根本没有想过我的这个决定会给家里造成这么多混乱。我甚至希望自己从来没有告诉过他们这个消息，而只是让他们知道，我打算参加汤普森在不列颠群岛上的几个月的培训之旅。

我坚持向家人保证一切都没问题,不会出事,慢慢地,我爸妈,甚至我的妹妹都同意了我的这个决定。他们从一开始的极度反对和抗拒,转而非常坚定地要帮助我实现这个梦想。在接下来的数月时间里,每当我心灰意冷,因寻找赞助不顺利而筋疲力尽,训练得累趴下的时候,想到他们的支持和鼓励,我就有了继续坚持的动力。我想,如果没有他们的帮助,还在不列颠群岛训练的时候,我可能就已经放弃了。我所要向他们保证的就是,我一定会安全回来。

事实上,后来当我们身处珠峰的同时,有四名登山者遇难了。四个人都是训练有素的优秀登山者,一个俄罗斯人和他的美国妻子,一个英国人,还有一个新西兰人。说实话,我怎么有能力向我的家人保证我的绝对安全呢?我猜想,其实爸爸早已秘密地知道了这一点。

Bear Grylls

A special trip to climb mount Everest

03　我也有一个梦想

当你无法用肉眼看到珠穆朗玛峰时,你可知它的模样?它的宏伟,或者渺小,源自人心。

——丹增·诺盖

据说，喜马拉雅山脉是因为天神的战争而造成的。某一天，"维护"之神毗湿奴正在休息的时候，魔鬼突然跳入大地，要杀死毗湿奴。毗湿奴的身体被撕裂，肢体被扔上天空，形成了喜马拉雅山脉，因此，喜马拉雅山脉的字面含义是"雪之故乡"。

地理学的解释版本则完全不同。大约在5000万年以前，喜马拉雅山脉和尼泊尔所在的区域是一片被称为古地中海的海域。当冈瓦纳古陆逐渐向北漂移，穿越古地中海，最终，撞上了亚洲大陆的海岸线。由于撞击的力量非常剧烈，导致亚洲板块相对柔软的沉积岩向上，而冈瓦纳古陆相对坚硬的花岗岩地表下沉并插入亚洲板块的下面，使得地表大面积抬升，最终形成了喜马拉雅山脉，也是迄今为止地球上最年轻的山脉。

喜马拉雅山脉绵延1,5500英里，形成了印度海拔最高的地势。你可能很难想象出1,5500英里是个什么概念，如果把喜马拉雅山脉拉直的话，它的长度相当于从伦敦到莫斯科的距离，横跨整个欧洲。在地球上所有巨大的山脉中，喜马拉雅拥有91座海拔超过24,000英尺的山峰，并且海拔均超过其他大陆上的任何山脉。在这91座山峰中，有13座的海拔超过了26,000英尺，珠穆朗玛峰则被簇拥在这片雄伟壮丽的世界里。最顶端高度超过海拔29,028英尺，孤独又荒凉地高耸于云端之间。那里，仿佛存在另一个时空。

在战争年代以前，不知有过多少支探险队试图成为第一个登顶珠穆朗玛峰的队伍，却都以失败告终，其中很多是以悲剧收尾。这些勇敢的人们非常清楚自己眼前任务的艰巨性。马拉里（Mallory）在1924年曾尝试登顶，但他从此再也没有回来。在他还活着的时候，他曾经说过："珠穆朗玛峰的问题不久会被解决。下一次，当我们走上Rongbuk冰层，也许我们会侥幸通过，也许就是一去不回，但是，我们没有幻想过珠峰的仁慈。"马拉里的悲剧结尾印证了他自己的话，而珠穆朗玛峰依旧保持着她神秘的面纱。

最近的一项调研表明，由于地球表面运动，珠穆朗玛峰的高度已经增加到29,035英尺。

1999年5月，乔治·雷·马拉里的遗体在珠穆朗玛峰27,000英尺的高度被找到。但当时并没有找到他的相机和他同伴桑迪·埃尔维的遗体。普遍的猜测是，当时马拉里丢下了埃尔维，后者死在大雪之中，马拉里则继续前进终因未能坚持下来而死亡。马拉里曾随身所带一张他妻子的照片，并承诺登顶后要留在珠峰顶上，这张照片之后并未找到。这桩珠峰的最大谜案，也随着故人一起埋葬于冰雪之中。

一直到1953年，在珠穆朗玛峰被确认为地球最高点的第101年之后，她才终于迎来第一位成功登顶者。这一年的5月9日，刚刚过了中午，埃德蒙·希拉里和丹增·诺盖像被贴到顶端，牙齿露在寒风之中。

希拉里写道："由于害怕，我的太阳穴绷得很紧。我当时在想，我们还有没有力气活着回去。我绕到山峰的另一侧，那些隆起的山脉此时已经在我脚下，我甚至可以眺望到远处的西藏。我又往上看，顶上是一片白雪覆盖的环形隆起。我们使劲凿开冰面，谨慎地又向上前进了几步，丹增和我，现在，已经站在山峰之上了。"

埃德蒙登顶的消息传回了小山村，又迅速传到了伊丽莎白女王耳边。此时，正是伊丽莎白女王加冕的前夜。《时代》刊登了这一惊天新闻，刹那间，整个国家沉浸在一片举国欢庆民族胜利的喜悦之中。当时的一位名叫莫里斯的记者写道："成功登顶珠穆朗玛峰在英国上下形成了股强烈的民族情绪——骄傲自豪，爱国主义，对逝去战争的追忆，对过去的怀念，以及对重建美好国家未来的期望。"

终于，胜利姗姗来迟。但是代价是什么呢？15次远征，24条性命，还有超过一个世纪的不懈努力。

在我看来，过去攀登珠穆朗玛峰的尝试一直没有成功的原因就是，人类对暴露在极端环境的畏惧感。没有人知道，人体是否可以承受住那样高海拔的压力。同样，医学界曾经非常肯定地说，按照人体的构造，要在四分钟内跑完一英里，是不可能发生的事情。如果有人真的能跑那么快，心脏就将"从胸腔内冲出来"。然而，罗格·班尼斯特做到了。在登山界里，人体在高海拔地区究竟会出现什么反应的恐惧是有理有据的还是多此一举呢，同样也有待印证。

珠穆朗玛峰顶的氧气含量约是海平面的三分之一。大约在海拔18,000英尺的地方，因空气稀薄，人体就会开始出现各种状况。如果在这样的高海拔地区连续待上数周，基本上，你能活多久就得看造化了。直到今天，在首次成功登顶的45年之后，珠穆朗玛峰上的死亡人数仍然保持稳定。每六个成功登顶者中，就有一个会丧命。尽管使用的登山装备越来越完备，对气候的监测和预测越来越准确，科技手段也越来越先进，但是，珠穆朗玛峰依然保持着她的姿态。

在珠穆朗玛峰的历史上，迄今为止，只有36个英国人成功登顶，这36人不过是那些尝试者中极小的一部分。珠穆朗玛啊，要想揭开她的面纱，必须付出代价。

从上世纪90年代早期开始，尼泊尔已经出现经营商业性质的珠穆朗玛峰登山项目。登山人员只要支付60,000美元费用就可以获得登山的机会。这个费用包括了探险所有的后勤费用，比如供氧、登山许可，还有在山上的三个月的居住费用。这样做带来的问题是，登山项目的广告宣传致使消费市场迅速扩大，但购买这些服务的客人中，大部分少有登山经验，并不具备登山需要的专业知识和体能，那些天生的登山者们却少有人可以支付得起这么高昂的费用。而那些不够专业的登山者对攀登高度并没有很好的心理预期，当到达一定的海拔高度后，往往开始出现心理上的不适应，这可能导致相当严重的后果。于是，是继续前进还是就此放弃就成了领队的抉择。

1996年，由于一场反常的暴风雪和部分登山者缺乏经验，导致出现了致命的前季候风悲剧。八条人命消失在那个暴风雪之夜，之后的一周里，又有三人丧命。

那次悲剧中，丧命的不只是那些缺乏经验的登山者，还有像罗伯特·霍尔(Robert Hall)这样经验丰富的冒险咨询家，同时他也是世界上最受赞誉的登山家之一。他曾经在28,700英尺的海拔上，零下50度的气温下度过了一整夜。但是，在没有任何氧气补给并且体能被寒冷严重消耗的情况下，任何人都可能被打败。

黎明时分，罗伯特在营地通过卫星电话和他的收音机与他远在新西兰的妻子通了电话。那时，罗伯特的妻子正怀着他们的第一个孩子。当罗伯特向他妻子说出最后一句话的时候，山上的其他人已经失去了知觉。"我爱你。好好睡觉，我的甜心。"罗伯特已经耗尽了全身的力气，那一夜之后，他再也没有睁开过眼睛。

这个震惊的消息迅速在登山界和全世界扩散开来，愤怒和指责从各个方向涌来。难道一定要以牺牲这么多性命和家庭的幸福的方式，才能说明登山不能够以如此商业化的方式运作吗？有的人自诩，他们已经找到了让傻子也能上珠穆朗玛峰的办法。但是，变化多端是高山的本质，如果真有这样可笑的办法也不可能坚持多久。

当然，至今人们还在通过类似的商业登山项目获得利润，但是，对登山者的审查已经严格了许多。在那次事故之前，许多远征队因商业利益驱动上山，后来者更多的是出于对山脉的真诚的热爱而前往。可悲的是，这样一个简单的道理竟然让人类付出了如此沉重的代价。也可能，这是大自然对西方态度的一次批判，我们曾经如此可笑地误解了自然给予的奖赏，低估了自然的威力。但也可能，只是运气不好罢了。我想，或多或少两种原因都有吧。不管正确答案究竟是哪个，高山和海洋都是高贵而不可侵犯的。

那些世代居住在喜马拉雅山脉庇佑下的尼泊尔和西藏居民，对山的秉性有深厚的理解。在尼泊尔境内，珠穆朗玛峰被称为"女神山"，或者萨加玛塔峰，从名称中，我们就能看出尼泊尔人对自然的尊敬。我以为，作为一名登山者对自然的敬畏感是最值得应该学习的功课。你能够攀登是因为脚下的山峦允许你这么做。如果，它要求你等待，你就必须等待，当它允许你继续前进时，你才可以呼吸着稀薄的空气，聚集你所有的力气挣扎向上。仔细聆听大山的任何动静，保持耐心，是能否存活下来的关键。

珠穆朗玛峰因为海拔非常之高，再加上地球引力的作用，在山体周围形成了自己小气候圈，导致该地区的天气瞬息万变。

珠穆朗玛峰高耸入云，刺穿高空的风带，形成一股风旋流，能将地表的泥土带到30,000多英尺高空，并形成一股时速200英里以上的气流，被称为"射流"。这种射流可以使珠峰顶端的白雪倾泻而下，高高扬起到空中。很难想象，在山峰高处，气温可以低至零下100华氏度。

置身云端，面对如此原始而美丽的景象，我现在可以很容易地明白马拉里当时对珠穆朗玛峰的描述："它从明亮的薄雾中升起，庞大且有力量，你再也无法想象其他任何事物比她更安详，更永恒，更壮丽，更不可征服。"

看到珠穆朗玛峰的第一眼，她是如此令人敬畏，仿佛整个喜马拉雅山脉的灵魂和魔力都尽收其中。

不知为何，几十年来，不管曾经发生过什么，人类从未停止过对珠穆朗玛峰的探寻。我想，这种探寻未来依然会继续。为了挑战，为了美景，为了收获自然的简单纯粹，抑或三者都有吧。我不知道。我只知道，现在我坐在打字机前，看着余晖中的珠穆朗玛峰。当我还是个八岁的孩子时，我就常常满怀希望地独自欣赏它。后来，当我处在康复治疗期时，我也经常凝视着这幅照片。现在，当我如此幸运地在珠峰顶端并短暂地停留过后，再看这张照片，我又有新的感受，并更加叹服她的美丽。这座山峰是如此令我着迷，以致每次看到她，我都感到非常激动欢心。女神山，不仅仅是世界第一高峰而已。

Bear Grylls

A special trip to climb mount Everest

04 203 和 25,000

伟大诞生于人与山的相遇之际，而绝不可能产生于平凡街头。

——布莱克

为了那一刻的相遇，我已经费尽全力奔波在平凡街头，试图筹集我们这次探险之旅的赞助。相对于二等兵的收入储蓄水平，25,000美元几乎是不可能完成的数字。对我们这些高海拔攀登者来说，制作图片，向大型企业说明赞助我们可以给他们带来的好处，是必须完成但又相当艰巨的任务。在受到第203次拒绝之后，整个事情陷入了更加困难的境地。

　　肯德基炸鸡创始人克隆奈尔•桑德斯为了推销他的炸鸡配方，遭到了1,009次拒绝。如果换作其他人，大多数人的想法会是改变配方。但是，像克隆奈尔•桑德斯那样，这是我手里唯一的牌，我必须坚持下去。

　　除了制作图片外，处理文书事务是我最大的弱项。记得某一次，我给一个我以为是户外品牌"北面"营销总监的人打电话。当我滔滔不绝地在电话里对我们的远征计划谈了大约20分钟之后，他突然告知说，我已经通过了一家叫谢菲尔德工业的清洁公司的面试，并问我是否可以尽快订好机票来公司。

如梦初醒，我突然发现自己几乎要淹没在堆积如山的计划方案、电话号码和联系人名单中。

不多久，我加入了前往阿玛达布拉峰的登山队，可以抛开一切烦恼享受两个月的时间。这是我对内尔的许诺，他很期待我有好的表现。对我而言，这次出行也让我多了些独处的机会，我得好好地利用这段时间把头脑里攀登珠峰的事情理顺。这次就算珠峰行动前的演练了吧。

强健的体魄是攀登珠峰的基石。那段时间里，我一有时间就会去威尔士和苏格兰那边的山里练习，每次都会走上好长一段时间。除此之外，我还需要在高海拔地区练习攀爬。所以，攀登阿玛达布拉峰的另一个目标是提高在高海拔地区攀登的适应性，看看我的身体会如何反应。

除了曾经在部队的攀登训练，和家人在欧洲山脉上攀爬过之外，我还从来没有尝试过在高海拔的地方待过。如果我的身体像其他人一样，很容易在那样的高度出现体力不支或者其他严重的不良反应，那么攀登珠峰的梦想就不该进行下去。我会让内尔看到我的真实表现的。

上个世纪60年代，当埃德蒙·希拉里爵士在珠穆朗玛山谷看到阿玛达布拉峰时，他曾经用"不可攀登的"这个词描述。当我站在阿玛达布拉峰脚下，向上望去，我立即明白了爵士的这句话。这座峰坡度极陡，笔直冲入云霄，高出海平面22,400英尺。如果能成功登顶这座峰，对攀登珠峰来讲，心理上和生理上都是极大的鼓励。当然，同时也带来不少压力。

我在阿玛达布拉山上已经住了五个星期，迫使身体能更好地适应这儿的环境和气候。现在，我要开始测试自己的攀登技巧，我必须把自己的这些技能尽可能发挥到极致。尽管这非常艰难，但未来一段时间能否成功，甚至于身家性命全都依赖于这些攀登功夫了。每一天，攀爬的每一个小时我都必须精神高度集中，似乎我这辈子的注意力都集中在这上面了。这让我的体能和精力大量消耗。我甚至都没空再想珠穆朗玛峰了，那是太远的事情。阿玛达布拉峰就已经够我对付的了。除非我可以先战胜它，否则我还想什么更高的挑战呢？我发现，我在不断地提醒自己，要专注，集中注意力在当下，这才是要紧的事。

最终，感谢上帝保佑，我好不容易登上阿玛达布拉峰。当我俯蹲在山顶，透过护目镜向左手边望去，一片迷雾和号叫的山风之后，珠穆朗玛峰慢慢显现出她的真面目。远望过去，她壮丽的身躯好似悬浮在天际。我现在所在位置与珠峰峰顶的垂直高度还差2000米。珠穆朗玛，我的脑海里除了它没有别的了。

耗尽全身力气，我成为全队少数几个到达阿玛达布拉峰顶的人。现在，我蜷缩在一角躲避山顶的寒风，我觉得连向前再迈出一步的力气也没有了。远处，珠穆朗玛峰的险峻让我感到害怕。但是，我又感到有什么东西在吸引着我，自己也不知道该如何解释。我知道，我一定会再来的，只是，这个日子不会来得太快。

十天之后，我们回到了尼泊尔的首都加德满都。在那里的一个集市上，一个甩卖珠峰照片的摊位吸引了我。还等什么呢，现在不买更待何时。对于一名普通的观光客而言，那些照片不过是漂亮的明信片而已。而对我来说，每一张都像有生命一样，里面的景色几乎就要跳到我的面前。

我告诉自己，登顶珠穆朗玛峰是有可能的。我测试过了自己各方面的条件，没有问题。学会承受，学会在困难中坚持，不要放弃，并且相信，只要你一直在向前走，就会离胜利更近一点。

受到这次阿玛达布拉之旅的激励，我带着满满自信和勇气回家，开始为接下来真正的挑战进行准备。

很快，我又回到了乱糟糟的准备状态。我们的远征队慢慢地组建起来。杰弗里·斯坦福是一名27岁的精锐护卫队军官，他在欧洲有很丰富的攀登经验，曾经在喜马拉雅山脉高海拔地区做过研究——他在海拔19,000英尺的地方待过六周，研究人体如何克服和适应高海拔地段的各种状况。不过，这也是他第一次尝试攀登珠峰。杰弗里训练有素、举止谈吐得体，同时，他也是个非常坚决的人。如果拿找骨头的狗比喻，他最像英国斗牛犬，对它的那根骨头决不放弃。只不过，面前的杰弗里打着领带而已。

最后加入我们队伍的是米克·克罗斯维特。我和米克从小一起长大，经常一起在山里活动。不论是从身体素质还是心理素质上，米克都表现得相当卓越。我记得，还在八岁的时候，米克就长了胸毛（我可一点没有），所以，从小我对米克发自内心地尊重。

从剑桥大学毕业之后，米克就进入市证券交易市场上班，他觉得自己在迅速腐臭。用他的话来说，他觉得他"已经在水下游了太久，需要到面上呼吸新鲜空气了"。我们向米克保证，加入我们绝对不缺"新鲜空气"。对米克而言，离开市证券交易市场跟我们一起去珠峰是一个相当勇敢的选择，珠峰对米克有强大的吸引力。

我觉得，我们团队的组合再好不过，有知己相伴让我的心里放松许多。内尔和杰弗里是两个自驱力非常强的人,将来如果出现什么问题的话,我和米克或许会是不错的"轻松"缓解剂。时间会说明一切。

最终,我们四个人组成了这支队伍,规模小,精悍。虽然队员个性不同,但我们都被攀登珠峰的强烈渴望绑在一起。内尔最早就设想要维持队伍的小规模,这样的话,每个队员都必须有成为登顶队员的能力。我们必须协同工作,紧密合作,帮助团队中的每一个人。从某些角度来说,这就有点像丛林里的大猩猩,相互清理身上的虱子。事实上,现在回想起我们在珠峰上一起度过的那些日日夜夜,我觉得这个比喻还是挺贴切的。

有人说,熟悉导致矛盾。但是,在那段珍贵的交往密切的日子里,我们根本就没有多余的精力发生矛盾。那三个月时间里,我们每天都待在一起,一起行动,一起吃喝,在恶劣的环境下一起睡觉。这样的共同经历让我们的友谊牢不可破。作为一支团队,我们非常清楚信任和宽容在那三个月的时间里的重要性,并且,这样的信任和宽容需要尽早建立。

在我为此次远征筹集到第一笔几百英镑款项后的第三天,我在内尔的车里放了一些登山装备。我的冰斧不小心刮坏了车身表面。虽然,我的车身上已经有很多刮痕,这也一点不影响我的心情,但是,我知道内尔的TVR(译者注:英国汽车品牌)比我的破车值钱得多,而且,这辆车对他来说非常重要。所以,第二天,我拿着这些辛苦筹集来的钱给内尔修车去了。少了这些钱多少有些沮丧,但是,我并没觉得这会对我的攀登产生多少影响。内尔很感谢我这么做,并且,他把这些都记在了心里。

在过去这些年间，军队已经援助过相当数量的珠峰攀登项目。在所有的这些尝试中，只有一次登顶成功。1970年代，"伯明翰人"斯托克和"野马"雷在天气非常恶劣的条件下登顶珠峰。由于恶劣的天气，他们不得不立即返回，就在这过程中，两个人都严重冻伤，失去了几根脚趾。但是，他们都奇迹般地活了下来。除了此次登顶外，其他由军队支持的登山队都空手而归，并且到达的最高点远远低于峰顶。

我们分析，军队赞助的这些登山队之所以失败的一个核心原因是登山队伍的规模。通常，这些队伍由十多个人甚至更多组成，这样队伍可以制造出激烈的竞争，并希望会剩下两三个优胜者可以登顶。军队的这种模式是基于竞争考量而不是协同合作。在珠穆朗玛峰这样的环境里，这样恰恰会招致失败的结果。

另外一个错误，我认为是队伍中有太多长官而没有几个印度人。喜马拉雅山脉不在乎军阶等级，至少，丝毫不在意这些"长官们"。依据过去我在喜马拉雅山生活的经验，我得到的结论是，只有那些"印度人"才真正爬过喜马拉雅山。

所以，这次我们不打算继承任何这些军队华丽隆重的传统。恰恰相反的是，军队想当然地以为我们会按他们之前的方案进行。所以，最后我们从军队得到的承诺仅仅是，如果我们活着回来，他们将给我们举行一场欢迎派对。好吧，也许生活就是这样，我想。

从建队开始，我们就尽可能多地在一起训练。我一直坚持自己的信条"一步两个台阶"。数月时间里，我们一直在为各种可能的突发状况做准备。许多个周末，我们都是在布莱肯的山里攀爬度过。帆布包里装满石头和厚重的旧书本，一爬就是数小时。其他时间里，我会沿着杜塞的沿海山丘进行整晚整晚的夜跑，每次当我踏入那些深一脚浅一脚的潮湿地表，我就忍不住咒骂英国糟糕透顶的天气。

我不断重复训练，不管下多大的雨，不管经受多少寒冷和黑暗，不管我多么想回伦敦过一种"正常"的生活，我告诉自己不能停，为了之后能创造奇迹。这其实就是自律。在准备特种兵选拔的过程中，我曾经这样生活了好长一段时间，当时，我发誓此生再也不要体验第二回。没想到，三年之后，我又回到了这里。

米克和我经常在一起训练，在当地的一个游泳馆里游了无数个来回——先在水下，然后换到水面，就这样交替练习数个小时。这种训练可以提升适应缺氧环境的能力，使身体工作更有效率。到河里，或者大海里游泳也是不错的锻炼，但是，当时正值冬季，我们每次下水，很少有坚持三秒半以上的，很快我们就跑回岸上享受车里的暖气了。

我们会踩着自行车到处跑，不管是什么天气情况，我们拉着各家的狗往树林子里跑，直到这些年迈的可怜的小动物被我们折磨得再也跑不动了。我们还会穿着晚宴礼服跑进山里，没有哪个山头是我们没有爬过的。因此，米克和我经常在派对上迟到。

听上去我们的做法有些野蛮，但这是在出发之前，能让我们从那些令人焦头烂额的繁冗准备和筹集赞助的事情中解脱出来的唯一方式。每次训练，对我来说，就像一次秘密逃离，身上的压力也减轻了一些。

时间过得不可思议的快。我给自己找到了一个大赞助商，SSAFA援助机构（海陆空三军士兵及家属协会），他们为我提供了这次远征的一大笔费用。这家基金会的工作人员非常好打交道，并且办事效率很高。尽管如此，我仍然还有很大的资金缺口。

　　罗伯特·刘易斯·史蒂文森说过，一个人的身份取决于糊口的方式。如果你要靠别人养活，必须有很强的个人身份。显然，在过去的一个月里，我并不具备这一身份，直至我们出发前，我还骑着我的单车四处筹集资金。

　　为了拉赞助，我和米克几乎把伦敦的每条街道都翻遍了。有时候，我们会突然发现自己处于一种非常奇异的状态，饿狼一般地寻找"金钱神药"以治疗我们的珠峰热。

　　珠峰热的直接后果是，在一个冷飕飕的大风天晚上，我和米克走到了理查德·布莱森的家门口。我们靠在他家门前的一棵树下，讨论谁去按门铃。

　　"我们还是一起去吧。"我们最后决定。那时正好是夜里10点半，我俩相互笑笑，那样子就像第一次作案的小贼，紧张得不行。

　　"我数到三……"

　　我们走到门口，按响了门铃。门铃响了，"喂？"

　　"呃，晚上好，我们正好路过，给您一份我们的计划草案，也许布莱森会有兴趣……喂？喂？"

　　还没等我们说完，布莱森已经挂了电话。他一定以为是来向他推销牙刷或者什么深红色洗碗布之类的。可是，他挂完电话时，犯了一个错误：他不小心按到了"开门"按钮。门在我们面前打开了，米克和我相互望了望对方，没有丝毫犹豫，轻轻把门推开。

　　没过几秒，我们已经站在理查德·布莱森房子的过道里，我们感到有些局促不安，那种心情，仿佛等着告诉邻居，刚才不小心撞到了他家的猫咪。

"你好，你好！"我们提高了音调，"布莱森先生？你好。"

没过多久，一名气急败坏的女管家冲了出来，她那样子像极了《乌龙女校》中的女校长卡米拉。这阵势，我和米克还来不及解释，放下我们的方案书，撒腿就往外跑，只听见身后门"哐"的一声愤怒地合上。

第二天清早，我和米克购买了一些非常昂贵的锡利群岛鲜花送到布莱森府上，又写了一大段非常诚恳的道歉，最后，我们写道：希望有机会能看一下我们的方案。但是，自此之后我们没有收到一点儿消息。

并非所有"猎取赞助者"的行动都有这么刺激。大部分的情况是这样子的，我从柜子里翻出一件干净的衬衫，再死命把自己塞进爷爷的旧西服里，然后穿越大半个伦敦，与某公司一位头发粘到上嘴唇毫无吸引力可言的PR女一起度过几个小时。虽然每一次我都试图保持冷静，但有时候还是很糟糕地把咖啡洒到身上，接着回家，脱掉西装，再重头来一次！老天，我讨厌穿正装。

这样的场景一遍又一遍地重复着，我不得不思考，究竟哪里出问题了？我买了一些口气清新剂，不断往口腔里喷。

正在打盹的时候，我被电视机里琼斯下士的声音吵醒了。"振作起来，梅沃宁队长，振作起来！"我大叫一声，关了电视机。距离出发的日子越来越近了，我又抓起电话，重新开始战斗。

又过了一个月，我的运气还是不见好转。在离出发还剩三个星期的时候，我还差16,000美元没有筹集到。2月的一个寒冷早晨，我骑上自行车打算到市里和朋友吃顿便饭。当时，我就穿了一条短裤和一件旧羊毛运动衫，身子沾着泥。路上，我突然发现一家公司的牌子上写着"戴维斯•兰登，还有Everest（注：珠穆朗玛峰）"。

这家或许值得试试。

我在路边停了下来，整理了一下我的头发，走进了这家公司。一张巨幅珠穆朗玛峰的照片装饰了公司前台。我把一张赞助手册递给前台小姐，请求她"是否可以，呃，把它给戴维斯先生，或者兰登先生"。

听我这么一说，那位女士身体顿时前倾，下意识地把眼镜往鼻梁上推了推，盯着那张手册，就像有人用什么不干净的"东西"玷污了她的桌面。她告诉我，梅斯·戴维斯和梅斯·兰登在1900年代早期创立了该公司，所以，要满足我的要求可能"有点困难"。我站在原地，坚持道，如果那样的话，可以给公司"目前"的高级合伙人。接着，我转身走了出去，再也没想过这件事情。这样的场面我已经遇到过不止一千次了，不过是徒劳无功而已。

那个周末，我和父母一起在乡下的家里度过。我的心里越来越绝望。如果没有什么奇迹发生，那么，我的珠峰梦想就会是个泡影。我感到自己仿佛被挂在一根旧绳索上，现在这根绳索已经开始支撑不住了。

"你为什么不向上帝祈祷呢？"妈妈在厨房里说到。一定还有办法，我想着。但是，我真的想不到还有什么办法了。于是，妈妈和我走到外面的空地跪下，祈求上天帮助，四周都是驴的粪便。我的脑子里，全是筹资问题，如果没有这笔钱，我将不得不从队伍里退出。

48小时之后，一个电话给我打了过来，是戴维斯·兰登&珠穆朗玛(DLE)公司的高级合伙人。他们已经收到了我的手册，并问我是否有空见个面。

"让我想想……今天下午怎么样？嗯，是的，我应该有空，但是，我最好先确认一下……"我尽力保持冷静，但是，依然掩饰不住激动。

我一路奔到伦敦，再次穿上那套西装，喷了一口空气清新剂，希望这是我最后一次需要这么做了。

那位高级合伙人向我介绍到，公司的创始人是乔治•埃弗勒斯的后代。乔治•埃弗勒斯在1830年曾任印度测量局局长，他也是第一个科学测量喜马拉雅山脉高度的人。一直到160年以后，科学家使用镭射技术再次进行测量，证实埃弗勒斯的精确度达到0.09%。这座峰正是以埃弗勒斯命名，现在，我正在他后代创建的公司里喝着咖啡。

面前和我聊天的这些人与我之前见过的所有人几乎来自两个世界。他们相当有趣，又友好。他们对于这次远征的意义有很好的远见，不只是局限于得到一些媒体曝光率。他们是以一种完全不同的眼光在看待这件事情。

合伙人要求把重点放在他们公司，因为他们意识到，成功的公司之所以成功是因为内部的凝聚，而不是来自外界因素影响。所以，他们需要一点可以让每一个DLE的员工感到骄傲的载体，让每一个都有参与感。听起来，我很快就要成为这个"载体"。我有点紧张地咽了下口水，现在，我是不是该修剪一下我的发型呢？

就这样，在离出发还剩14天的时候，DLE成了我的主要赞助商。第二天，我拿着那张大额支票走进银行。银行柜员顿时眼睛亮了，问我打算怎么花这笔钱。

"去high一把，"我神秘地笑笑，"的确是这样啊！"

进入倒计时最后阶段，我们整日的事情就是整理装备。我们的高海拔雪鞋来回送到店里修改，以保证尺寸合适，鞋钉没有安错。我们必须保证各类医药用品都带满足够的量。之后就是一遍又一遍地检查衣服，冲锋衣、保暖衣、防风衣、羊毛衫、丝织内衣，还有冰斧、吊索、背带……我们的用品清单列得老长。

训练上我们也丝毫没有懈怠。几周之前，正好是新年之夜，我正在苏格兰的北部海岸训练。那次，我仅仅是"迅速地"在北大西洋狂野的海浪之间玩了一把。等我从海里回来，手里紧紧抓着那湿漉漉的装备，完全不是它本来的面目。面前等待我的是一位精致打扮美丽动人的女子，秀发迎风飞舞。

"啊，对不起，"我一只脚抬起，摇摇晃晃，好让自己在摔进海草丛之前把裤子穿上，我结结巴巴地说，"我可以跟你解释这一切。"我忘了后来发生了些什么，但是，海滩上的那个女孩，非常勇敢地，成了我的女朋友。

我们的关系并不是"通常"的那样。莎拉是在我准备珠峰远征的最后几个月里才卷入进来的。有句话说，如果你想结束一段感情，就去爬喜马拉雅山吧。但是，我们才刚刚开始，并且进展得不错——至少，我并不想它现在就结束。我愿意相信，"注定发生的事情早晚都会发生"。但是，当眼前有这么多东西都可能失去，这句名言也不见得是真的。我的害怕开始滋长。在完成祷告后，我消失了三个月，没想到，她还在那等我。从现在起，每个新年我都会去游泳。

我们原打算于1998年2月27日出发，但是离开的时间来得更快。因为我们的队伍规模很小，我们打算和一支更大的珠峰登山队一起走，主要是考虑到这样可以节省开支，同时，我们又能保证小团队的独立性。

这支规模更大的远征队伍是由亨利·托德率领。亨利·托德是一位非常知名的苏格兰登山家，拥有非常丰富的登山经验。几个月以前，我正是和他一起攀登阿玛达布拉峰。亨利身强体壮，并且长有很多体毛，纠缠在一起，跟尼泊尔人的牦牛比起来毫不逊色。当然，亨利可比这些牦牛更帅气些，能够加入亨利的队伍一起前往，对我们来说实在是再幸运不过了。

我们计划从尼泊尔一侧，也就是东南面攀爬。这也是当年希拉里和丹增走的路线。用科特·戴尔伯格的话说，"这是世界上最危险的路线之一"。在珠峰的162名遇难者中，有101人都是死在尼泊尔这条线上。

从大本营出发，沿着这条路线往上走，将到达孔布冰川，一段接近25,000英尺高的冰川阶梯。从此再往上，将到达一号营地。接下来，路线沿着西谷冰隙将到达二号营地。顺着西谷走，穿过伯斯兰德冰凸，走上洛子峰的冰墙，到达3,300英尺之上的三号营地。整个攀登将穿越日内瓦刺的冰面，然后上升到南坳，四号营地，也是我们最后的营地。

从那开始，将是进军山顶的最后一段努力。线路将经过悬崖阳台，然后是东南山岭，再到南面山顶。一旦到达这里，就可以看到著名的希拉里阶梯冰壁，峰顶就在此200米以上的地方。如果一切进行顺利的话，我们预计将用七周的时间完成登顶。

当年希拉里和丹增攀登时，曾经使用了九个营地。此次，我们只使用四个营地。整个计划必须从一开始就小心翼翼，亨利尤其重视这一点。攀登策略以及有效的分配资源对于攀登来说，都非常关键。我们四个人就像如饥似渴的学生，热切地研究地图和书本。

亨利几乎负责所有的后援安排，包括氧气补给，大本营的运输安排，食物，还有更重要的，夏尔巴搬运工。这些尼泊尔当地的夏尔巴居民将协助我们把装备运到山里。不同的远征队会雇用不同的夏尔巴人。但是，由于像攀登珠峰这样特殊的登山行为，每个人都可能为其他人服务，不同的队伍经常协同合作。在某些方面，这正是登山界的优点。

对夏尔巴人来说，登山是流淌在他们血液中的事情。生长在这样高海拔的地方，他们爬起来的气力超过十个普通人。经过一段相处之后，这些夏尔巴人和我们成为了非常好的朋友，他们真的是我所见过的最棒的一群人。

如果让我们亲自去做的话，这些后勤准备工作会花掉我们好几个月时间。但是，亨利神奇地在他睡觉时就把一切都悄悄地安排妥当了。

临行的前一周，我和几个朋友一起去了趟雷肯比肯斯。我们走了一整天，夜里玩橄榄球，困了就穿着一条睡裤倒地而眠。那段时光非常愉快。

几天之后，我们举行了一场告别派对，邀请了我们的赞助商和一些记者到场。整个派对上，我一直感觉焦虑，这一切发生得太快，甚至来不及准备好。我甚至还不确定自己是否真的要去。香槟在杯中流淌，告别演说已经结束，但是，当我坐在那，看着周围的朋友随意交谈，欢笑，我感到很空虚。这是我从未体验过的一种孤独。尽管我被那些关心我的人围绕着，我还是觉得很孤独。48小时之后，我将把眼前的这一切抛在身后很远，很远。

一个电台给我打来电话，邀请我第二天去做一个采访。他们希望把我安排在6点零5分的早间节目。我忍不住咽了口口水，我可不是个擅长早起的人，6点零5分……

第二天一早，电话铃响了。我匆匆吃了一口早餐，准备开始回答问题。主持人很有技巧地快速完成了访问。"挺简单嘛，"我心里想。事实上，我甚至以为自己刚才干得真的不错。十分钟之后，电话铃再次响了。电台告诉我，刚才我听起来几乎睡着了，问我20分钟后清醒一点是否再采访一遍。我感到非常对不住主持人，不停地道歉，豪饮了两大杯高浓度咖啡后，再来一次——这一次要好一些。我于是安慰自己道，第一次总是没那么简单。

采访时，那个主持人询问了一个已经被问到很多遍的问题。他说，他认为一个人在二十几岁的年纪很难克服高海拔的不良反应，所以，那些登山家几乎都是在他们三十几岁、四十几岁的时候才成名的。

我没法反驳他。大胡子、面容枯槁，这几乎是人们脑海里典型的登山家形象。我可能也已经面容憔悴，但是绝对没有大胡子。事实上，我只会在脸颊上长出一点腮帮胡子。或许，人们的许多设想都是对的。或许，珠峰只适合那些长满毛发、上了年龄的登山者。我无法改变这些，除了相信马拉里曾经告诉过我的话，"攀登珠峰，靠心。"这是我唯一的赌注。

出发前夜，我答应和一个朋友出去喝酒。在伦敦的夜色里，我骑上那辆1920年代的老式荷兰自行车，来到一家非常破旧的酒吧，开始排队。排队的人很多，整个队伍已经拐到了酒吧右侧的拐角，很久也不见往前挪动。当我终于离酒吧入口近一些的时候，透过酒吧窗户，我看见了我的朋友在里面跳舞。他被一群漂亮的姑娘包围着，摆动着身体。而我，此刻正在寒冷中瑟瑟发抖。这时，他也看到正在排队的我，于是凑到窗户前面。我们试着透过雾气蒙蒙的窗玻璃喊话，但是，我什么也听不见。接着，我看见他用手指在演示着什么。我凑到窗户边使劲看。朋友嬉笑着，把两根手指放在窗玻璃上，然后缠绕着向上移动——代表一个人正在爬山。他的手指不断往上，一直到高得他再也够不着了，之后用手指形象地模仿爬山的人摔倒在地。朋友把手放回衣服口袋，然后他开始大笑。我站在外面，对他也笑了笑。

"三个月之后再见，保重。我可不想再等下去了。"我冲着窗户里面喊。蒂姆从窗户边又抽身转入人群里，然后，我看不见他了。

我转身回家了。那一晚，我失眠了。

Bear Grylls

A special trip to climb mount Everest

05 徒步到大本营

所有人都有梦想，但是这些梦想不能都相提并论。那些只敢在黑夜的角落里做梦的人，白天醒来之后会发现梦不过是虚幻。而那些在白天做梦的人都是危险之徒，因为他们会睁大眼睛去实现梦想。

——T.E.劳伦斯，《智慧的七根柱子》

日记，2月27日：

在经历了一系列漫长、繁忙、情绪跌宕起伏的前期活动后，我们终于安稳地坐上了飞往目的地的飞机。筹款、准备装备、训练、保持身体素质，我终于要和前期的这一切说再见了。

此刻，我的内心非常平静。但是，也很向往。现在，应该把注意力转向面前的任务了，一想到接下来要面对的事情，还是感到不安。

米克和我打算在进行高海拔攀登前能有充足点的时间适应一段，因此，我们比内尔和杰弗里提早四周就到达尼泊尔。我俩想抛开身后那些"忙碌的事情"，让自己真正集中在现在的任务上。

离开英国之前，我联系了一些曾经成功攀登过珠穆朗玛峰的英国登山者，迫切想从他们那得到一些建议。在比较了那些成功的登顶者和那些没能登顶的人之后,我发现的一个现象是,那些成功者往往会提前数周在海拔12,000英尺或13,000英尺的高度进行准备训练。他们将之称为"踏入战场前的专注时间"。

所以,现在米克和我正乘坐卡塔尔航空飞机飞翔于海拔30,000英尺的天空中,朝着喜马拉雅山脉前进。我们四个男人,名副其实的四个"铁汉"。有趣的是,我和米克从七岁开始就共用数学课本,交换鞋靴穿。现在,米克在我身边,这种感觉不像是和一群强健的登山者去挑战寒冷和困倦,倒更像两个恋家的流着鼻涕的男孩终于踏上返回学校的路程。

只是,对于面前坐在头等舱里,喝着免费饮料的我们,没有人会猜到我俩现在的心思。

作为我们的赞助商,卡塔尔航空公司非常慷慨地给我们四个人提供了免费往返。在此之前,我的飞行待遇除了和汗流浃背的新兵挤在狭小的"牛等舱"里,就是和我父母一起出行时被压在一堆行李下面。头等舱对我来说,实在是一种享受。我会很乐意地跟你描述我们在飞机上如何畅饮威士忌和香槟,如何欢乐,然而,我们的旅途还是在平静中度过。

坐在我斜前方的一对年轻夫妇正在接吻,看着他们在空中轻吻着对方,不由得让我嫉妒起来。我在想我什么时候才可以亲吻自己的女朋友,应该挺快的吧,不就是三个月之后吗。只不过,先要经历一段不太舒服的日子,然后回到英国,再然后就能狠狠地吻了。我为自己才刚出发就生出这样的想法而有点懊恼。

当我们穿越北印度时,驾驶员把我们带到驾驶舱,指着窗外的珠穆朗玛峰给我们看。我俯身到窗前,透过厚厚的云层,那里矗立着梦想之地。只见峰顶的冰雪被射流高高扬起,射向天空好几里高。我被眼前的这一幕惊呆了——天空的独舞。

"现在室外温度是零下55摄氏度。"飞行员告诉我们，然后，朝我们得意地笑了笑。我轻触了他的肩膀，谢过他，然后回到我的座位上。

当我坐在那里，回想过去几天里发生的点滴，仿佛那已经是上个世纪的事情。我在日记里这么写道：

有关出发前的最棒的一段日子是上个礼拜，因为家里的动物们都被放出来闹腾了。我们把佘德兰马驹和驴子放在一起，看他们是不是会看上眼。但是，什么也没发生。那天一只叫奥利的驴竟然穿过栅栏和树林，把四角门给撞弯了。我们猜想，那只佘德兰马驹一定有些什么本事才把奥利惹成这样，我们从来没见过奥利这么快地跑过。那些猪也兴奋得不得了，统统从猪圈里跑了出来。雅森是一头很胖的大母猪，平常她几乎一动不动，但是，那天她竟然在五秒内跑了100米。一只驴企图去踢雅森，一直追到河边。我们的大公鸡阿伯拉罕疯狂地拍打翅膀。那些鸭啊、鸡啊都四散开，场面混乱得不得了，我妈和我爸追着这些小家伙屁股后面维持场面。

尽管这只是农场里的普通一天，但是，这一天汇集了我对家的所有思念。

爸爸开车送我去的机场，他看上去比我悲伤不止十倍，这不禁让我怀疑他是否知道我不知道的一些事情。爸爸一直在机场里徘徊，直到我们必须穿过出发大厅的门。我感觉糟糕极了。如果真的发生什么意外，我回不来的话，我要您知道，我非常爱您。感谢您。

我们就这样飞离了英格兰。我在心里默默祈祷着三个月后能再次见到她绿色的青草地。前面等着我们的,只有高山。

当我们往英国产的老式迷你巴士上装行李的时候,巴士吐出来的烟雾和气味几乎要把我们给包围。眼前的加德满都和四个月之前我来攀登阿玛达布拉峰时的样子几乎没有变化。那些尼泊尔过境处的工作人员依然说我们的行李超重,要收超重费用,还是同样一帮孩子围着我们要帮着拿行李——都是为了赚一两个卢比。

街上到处是黄包车,出租车司机按着喇叭不放,想在混乱的交通里闯出一条路来。我们把最后一件行李装到车上,也加入了车流。我们要找的酒店位于旧城区的一条深巷子里,店名叫嘉里山卡。这家店是这片闹市里难得的安静去处。很多登山者选择在这家酒店落脚,我们到达的时候,店员连眼皮抬都不抬。我们这样的住客太常见了。

这天剩下的时间里,我们在集市上逛了逛,买了点小东西,然后在酒店洗了个冷水澡,冲走这个城市沾在身上的污垢,然后我们享用了一顿丰盛的尼泊尔美式晚餐。米克和我几乎是一夜未眠,但是马上,我们又要应付一整天的事情。我们5点就从酒店出发去加德满都的国内机场,乘一辆小型直升飞机到喜马拉雅山脚下。飞机将我们带离城市上空,螺旋桨发出刺耳的噪声,耳朵必须戴上耳机才舒服一点。

我闭上眼睛,背靠在一麻袋生姜上,然后深呼吸一口气。40分钟后,加德满都的喧嚣已被远远抛在身后。我们飞越了一片开满杜鹃花的山谷,山间各处零散着小小村庄。当我们从一个山谷绕过去后,终于看到了此行的目的地:在一座山上大约海拔8,500英尺的地方，是一小块肮脏的降落台。我们到达了卢卡拉小镇。镇上只有零星的几幢小房子，围建在唯一的逃跑通道四周。

直升飞机开始降落，螺旋桨转动的风力形成一股旋涡将地面的尘土卷入空中。当我们的飞机刚刚接触到地面，一群当地人立马围上来帮我们搬行李。很快，直升机又重新起飞往加德满都的方向远去，转眼工夫便消失在山峦之间。我们将有好一段时间不会再看到这样的人类科技。

我们目前所在的小镇卢卡拉海拔8,500英尺，深藏于喜马拉雅山脉脚下，我们将从这里行进35英里通往大本营。大约这段路程将花费我们12天时间走完。之所以需要这么长时间，一部分原因是这一路我们需要在蜿蜒曲折的山路上穿越无数个山脉峡谷，同时，米克和我也需要时间逐步适应高海拔环境。大本营位于17,450英尺的地方，要安全到达如此高海拔的地方，人体必须有充足的时间去适应。

从现在开始，我们必须严格遵循环境适应性的规则去做。从小镇再往上，高海拔给人体带来的影响将逐渐显现。环境适应性是指让身体调整到在缺氧的情况下依然可以正常运转的状态，要达到这一点的关键就是要保持耐心，绝不能一味图快。否则，高海拔给人体造成的影响将可能是致命的。

据我所知，首次攀登珠峰并且成功登顶的概率大概是20个人里面有一个。因此，米克和我更觉得有必要让我们的身体尽早适应当地环境，因为这对我们是否能够有机会登顶影响重大。接下来，一场关于保持体质健康和适应稀薄空气环境的博弈马上开始。

日记，3月1日：

为了筹得这次远征的经费，我已经耗尽了自己的所有精力和资源，我真的非常怀疑自己是否还能再重新来过。所以，对我来说，这样的机会只有一次。

我清楚地意识到，这一路迎接我的只有艰辛和困境，但是，我已经孤注一掷。在此之后，我便能享受家里温暖的壁炉，喝着热巧克力，回到农场。我们的命运已经交给仁慈的主了。

我们沿着山谷走了大约三个小时，穿过几座木桥，桥下是缓缓流淌的山间溪水，沿途又看见一些非常小的房子，之后我们到达了另一个叫作托克托克的小村子。田地间，系在牦牛身上的铃铛清脆作响，孩子们在泥地里嬉笑玩耍，这些声音交杂在一起打破了山中的平静。

当我们行进在山间，每次转弯，或者抬头眺望树林的缝隙，隐隐约约就能看见远处的山峦。旋即又从眼前消失，取而代之的是扑面而来的绿色山景。大片大片的乔松林和杜松林装饰着整个山谷，它们身上散发出来的香气给正行走在这人迹罕至和寒冷荒芜之境中的我们带来了一些暖意和亲切。

第一个晚上，我们在托克托克镇住下，在落脚的一个小农场的房子外不远处找到了一条瀑布，然后简单清洗了一下。这个农场的主人用他们家自产的蔬菜和米饭热情地招待了我们。借着烛光，我和米克读了一会儿书，快9点的时候便睡觉去了。我们睡的是木板床，非常硬，床垫上有许多虱子，不过，我还是觉得回归这样简单朴素的生活没什么不好。当我躺在床上静静地听着黑夜里吵闹声，我慢慢地进入了梦乡。

我正熟睡着，突然被米克剧烈的呕吐声给弄醒了。我坐起身来，米克正对着一只靴子呕吐。可能是米克的身体对这高海拔环境开始起反应了，也有可能是因为那些蔬菜过于新鲜。不管怎样，米克现在的情况看起来非常糟糕，一直到黎明时分也不见好转。突然，我注意到，米克随手抓来当痰盂的那只靴子竟然是我的。米克不停地给我道歉，又喝下好几杯柠檬水，快到太阳升起的时候，他的脸色看上去才有了点好转。于是，我俩慢慢地收拾好行李，继续向前赶路。

这天，我们的目标是到达位于海拔12,000英尺高的纳木切巴扎，这是整个昆布谷地区的村落进行贸易买卖的地方。在到达大本营之前，纳木切巴扎将是我们看到的最后一个人类文明迹象。

因为食物中毒，米克的身体受到一点影响。因为这个不太吉利的开始，米克不禁对下面的路途产生了一点担心。他想起以前听说过的一个故事：某个有名的登山者曾经试图登顶附近某一座山峰，但最后被迫终止，就是因为吃了当地一种叫作恰巴提的没发酵的面包。我向米克保证，食物中毒和这个绝对是两码事。没过多久，我们就整装出发，顺着山谷边缘绕弯，向纳木切巴扎前进，一路上不管再有多饥饿，我们绝不碰任何恰巴提。

我们穿过了一条横跨在300英尺深的山谷之上的旧绳索桥，那个场面非常壮观骇人。之后，我们又在看不到边的树林里走了大约两个小时才到达纳木切。

日记，3月2日：

密林深处，房屋和农田稀疏地散落在陡峭的山体之上，构成了这个微型贸易市场的核心。毫不夸张地说，这一块地区是我接下来这三个月时间里看到的最发达的地区。这里有一台发电机给附近的房子供电，街道之间还有一套非常原始的排水系统，完全是用木材和石头搭建起来的。这个微型集贸市场上有很多小摊位出售那些登山者返程路上留下来的登山用具。

米克和我各买了一些小东西，以作不时之需。我们也趁这个最后的机会，享用了一些还算可口的食物。我们俩相当清楚，从明天开始，我们要应对的情况将越来越恶劣，只能靠吃随身带的干粮度日。

我们在这里遇见了一位徒步跋涉的中年德国女士。她了解了我们这次行程后说，她从来没有认识过要去攀登珠峰的什么人，还问是否可以给米克写个传记。我一边偷偷笑着，一边躲进厕所里，看米克怎么使尽各种办法摆脱这位纠缠不放的女士。

这里的厕所都非常原始。简单地说，就是在一小片木头屋里的地上挖个坑。坑周围的木地板上满是没射中坑的"残余"，而坑里面累积的屎尿就像一座被时间蚕食的金字塔。置身海拔12,000英尺的高度，你真的很难很难憋气太长时间。最后，你会放弃了憋气，不得不在小木屋里开始空气循环，在浓重的气味里，蹲下身，释放体内的废水废物。忘了从哪听说来的，前面还有一个厕所，有来自附近溪流形成的天然排水系统，使整个厕所非常干净。或许下次我应该多忍一忍直到找到这个厕所再解裤带。

我告诉米克，今晚我要早点休息，并且我准备去换身睡衣。米克带着一点疑惑地问我，"帕加马"（译者注：英文中睡衣的发音）是个什么地方，以为又是哪个他没听说过的尼泊尔村庄。这可把我给逗乐了，看来高海拔真是起反应了。

纳木切现在下起了很大的雪。这是我们在此地看到的第一场雪。我很好奇，继续往昆布山谷深处走会是什么样子呢。

雪下了一整夜，早晨7点我们离开了纳木切。我们在迷雾中沿着牛道朝一个叫作德波切的村庄前进，这段路程大概要五个小时。我们深一脚浅一脚地朝位于察让布钦的寺庙前进，太阳照到泥泞的雪地里又反射到我们身上。这么走了三个小时，已经可以看见前方的寺院了，僧人唱经的声音不绝于耳。飘来的阵阵诵经声像是给我们抹上了镇静芳香剂，让我们在这最后几百英尺的行进中减轻了不少负担。

这座寺院几乎是整个山谷的生活中心，你一看到那建筑的繁丽，眼前几乎就浮现出那一双双血肉做的手如何把一块块砖瓦搬运上来，再一块一块垒砌起来。寺院里，一位喇嘛正握着一本经书唱经，我们在后面找了一个角落悄悄地坐下。在这个地方，人们相信，喇嘛是佛祖投胎转世（译者注：活佛转世制度是藏传佛教的一个特点。转世的活佛一般是有一定名望的大喇嘛和活佛）。仪式过后，我们走出寺庙，又进入旁边一个小木屋里。我们坐在小木屋和几个当地人一起喝了点汤。几个小时之后，我们又踏入大雪中大概走了半小时，去往德波切。

日记，3月3日：

这个叫德波切的地方地势更高，面貌更加原始，只有三所小房子。我们落脚的小房子是木头造的，床也是。除了这些，房子里几乎空空如也。睡床垫现在已经是一种奢望。夜里，房子里升起了一小堆火，大家都围坐在火堆周围试图驱赶严寒。

两个喇嘛（译者注：这里的喇嘛作者指普通的藏传佛教僧人）在我和米克边上做仪式，口中诵经念念有词，一边把米粒散向四周。这两个喇嘛把他们带来的当地的叫"羌"一种含酒饮料非给我和米克。我俩很谨慎地抿了一小口,因为就在此之前,我们看见他们对着那壶酒咳嗽得很厉害。由于很多当地人都患有肺炎,分酒喝应该是尽量避免的事情。但是,作为"英国人",我们感到避免粗鲁无礼是非常有必要的。

我们在这里遇见了一只非常可爱的小猫咪,熟络了之后,这只小猫咪总喜欢跟在米克和我后头。这只小猫的名字叫"比拉楼",但是,它身上长了虱子,米克给它取了个名字叫"比拉虱"猫。我建议把它带上作为我们的"高海拔"猫,但是,米克认为如此一来每个人身上都会长虱子。我试图告诉米克我也长虱子很多天了,但是不管我怎么说,他都不听。哎,我不得不放弃"比拉虱"了。

经营这块地方的那个女士是埃德蒙·希拉里当年的一个女朋友。她笑起来时非常美丽,尽管会露出她仅有的三颗黑黑的要腐烂的牙齿。看起来,她的牙齿问题已经有很多年了,应该已经折磨她很长时间了。她咬紧下颚,脸上一副痛苦的表情,尽可能地挤出一点笑容,但是还是忍不住呻吟。看着她那痛苦的样子,我感到很绝望,我可以做的只能是给她一些止痛片。于是,我拿出一大把止痛片,然后叮嘱她早点休息。可是,突然我又有点担心,会不会我给她的剂量太大了,尤其现在我们处在海拔这么高的地方,真心希望我没把她给谋杀了!

在经过了一个不可思议的寒冷的夜晚之后,我们终于熬到了黎明的到来。那位女士过来把米克和我叫醒。她还好好地活着,这让我大大松了一口气!天还没有亮,她带着我和米克穿过一片树林,来到一片视野开阔约50码大小的地方。时间还很早,远处约15英里，距离我们所处位置高出约5000米的地方，可以从巨大无比的洛子夏尔峰的身后看到露出的珠穆朗玛峰的顶端。清晨的薄光已经照耀在珠峰顶端，山风把她身上覆盖的冰雪吹起，看起来相当美丽而神秘。对于眼前这壮丽的景象，我们谁都没有说话，只是伸长了脖子，静静凝视着太阳从她身后往上爬。不久，她又消失在迷雾之中。

现在，我可以体会到当初马拉里的话的意思了："高高矗立于天际，超越于想象的极限，然后，珠穆朗玛峰顶就出现在那里。"

眼前的山峦，高耸入云，如此难以捉摸，就好像在梦里一样。之后那一整天，我都心神不宁。到来之前，我曾经无数次想象过自己第一次亲眼看见她时的激动的样子，但是，现在我的内心只感到恐惧。

当地一位挺有威望的喇嘛送给我和米克各一条受保佑的绳子做的项链。上午晚些时候，我俩便离开了德波切。经营小旅馆的那位女士，在这山里活了一辈子。她为我们祈求平安，并且向我们保证道，项链会保佑我们的。我们俩都非常感动，谢过她之后便继续向前。我们沿着山林深处被积雪覆盖的小路一直走一直走，越来越接近这片山脉的灵魂之处。从这个海拔再往上，那些鲜花和树木都停止了生长，只有冰雪才开始显露出真正的面貌。

日记，3月5日：

今天早上，我用山上冰雪融化的水洗干净了双手。终于能洗净过去这些天积累下的污垢，看到它们本来的颜色，这不禁让我心情很好。再往上走，细菌病毒存活下来的更少，周围的一切也变得更干净。现在我是不是可以放心地咬我的手指甲了呢！

今天，我们大部分的时间都是在阅读关于1996年那次珠峰惨案的记录，就是内尔险些没有逃过的那次。这一切仿佛就发生在昨天。现在，当我们自己置身于同一个空间呼吸，看着周围相同的环境，"辅助"阅读着当年多少条人命消失在附近的某个地点，这足够让人内心起寒战了。但是，从历史中学习经验还是非常必要的。很多情况下，起决定作用的不是在安全安逸的环境下表现勇敢，而是在危急关头依然无惧危险。勇气，是一种悄无声息的诉说。我必须把这些都牢牢地铭记于心。

几小时之后，我们终于到达了小镇潘波切。很多在珠峰地区生活和攀登的夏尔巴人都住在这个镇上。镇上的很多房子都修建在陡峭的山坡之上，从上面可以俯瞰深不见底的峡谷。这片区域充满了登山者的记忆，辉煌的胜利，抑或是疾病。许多名字都被刻在墙上。

在村子里，我们要去见见这次远征队的经理亨利。亨利提前来这进行高山适应，之后他还要回到加德满都去处理氧气补给用品。米克和我一到村里就去找亨利，他和这里领头的夏尔巴人住在一起，类似于当地的酋长，当地人称呼他为卡米。卡米的工作就是组织夏尔巴人帮助我们把装备补给运到山里去。卡米住的房子是一间非常传统漂亮的夏尔巴房子。我们从一小扇木门穿过去，就到了关牦牛的牛棚。这是一个非常小，天花板很矮的房间。地是泥土地，上面盖满了麦秆。黑暗中，一束光照亮通往最主要的休息区，我们踩着楼梯往上走，脚下咯吱咯吱作响。眼前是一个大的房间，这里是这个家庭做饭、睡觉的地方。一个泥土做的火炉在角落中慢慢烧火,太阳光透过烟雾从侧边露出来。巨大的牦牛皮平铺在地板和床上,正在烘干的牦牛肉则悬挂在墙角。这些最终都会化为炉子的燃料,然后消失殆尽。房间的一个角落里,一个人闲适地坐在那,脸上带着大大的笑容,一边漫不经心地轻捋胡须,一边抿了一小口柠檬茶。这个人正是亨利。

整个下午我们都和卡米、亨利在一起仔细检查每一桶装备,补给用品,好让亨利知道哪些东西他需要回到加德满都准备。我们几乎准备了一切可以想象得到的东西:帐篷、用于搜救被困在雪崩中的登山者的冰厚度探测仪、用来稀释血液和帮助适应高海拔气候的阿司匹林,甚至是蛋黄酱。还有上百个冰面用螺丝钉、上千米长的拉绳、堆积如山的玛氏巧克力棒。一旦到达大本营,几乎不可能有机会补充供给,所以,我们现在对所有装备都必须多次检查。

当天晚些时候,几个刚刚从山谷里回来的夏尔巴人正好来找亨利。我们听到了第一个不幸的消息。一个搬工在前往大本营的路上不幸丧命。亨利、米克、我,都没见过这个搬工,甚至之前都没听过他的名字,但是,那个晚上,我们三个人坐在那听其他人讲起他的事情,心里都有点沉重。

那个搬工当时正往大本营运送这次远征的装备。许多夏尔巴人都靠做这个来赚取一些额外的收入。但是,那天下午他到达通往大本营的冰川时间太晚,冰面已经开始出现不稳。大本营位于那片冰川的前端,在珠峰脚下。整个路线都隐藏在看不到边际的冰雪之下。当登山的季节来临时,这条路线被多次踩踏又会慢慢出现。但是在最适合登山的时节还没到来的时候,比如说现在,这条路线还是比较隐蔽的。

经过一上午阳光的照射,下午的冰面总是比较薄弱。显然,这个搬工当时肯定是走偏了方向，然后迷了路。听当地人说，那个搬工当时踩到了一段冰桥上，表面平滑的冰川流把他慢慢陷下去了。

亨利第二天就要返回加德满都。临走之前，亨利严肃地警告我和米克，一定不能在清晨的时候去大本营，尤其在路线还没有修好的时候。当天晚上，我为那个不幸丧生的搬工和他的家人做了祷告，也把亨利的建议小心地记在心里。

亨利走后的那个晚上，我和米克大部分的时间都在陪村子里的孩子们玩。我把仅有的一盒扑克牌借给了一个五岁大的小姑娘玩。这副唯一的扑克牌将是未来一段时间里的重要工具，我暗暗祈祷这些牌不会被折磨得体无完肤。牌很快被弄得到处都是。但是，15分钟之后，我看到小姑娘坐在那小心翼翼地把牌重新整理好，放回到盒子里，然后拿回到我的日记本边上。我不禁莞尔。比起我在伦敦到处筹款的那段日子里遇到的人和事，我从这个小姑娘身上学到了什么叫作高贵。生活有时候真的很滑稽……

日记，3月7日：

今天我们走了三个小时来到了到达大本营前的最后一个村庄——定波切。定波切地处海拔14,500英尺的地方。我们在这个无比宽阔的山谷中绕行而上，可以看到阿玛达布拉峰峰顶优美的山色。

我挑了一块石头坐下，开始研究起来四个月之前我走过的路线。再次看到阿玛达布拉峰，回想起自己曾经站在它的巅峰，那种感觉还是挺棒的。这座峰看起来和当时一模一样，似乎攀登只改变了我，一点也不影响山峰。我很好奇，当山峰往下看时，它是否还记得当时那个挣扎的我，在通向巅峰的最后几百英尺的时候那个挣扎缺氧的我。从这个角度仰视阿玛达布拉峰，我都为自己当初如何爬上去的而感到惊奇。

我们经过了几年以前卡米的妹妹在一场山体滑坡中丧生的地点。山体滑坡留下来的印痕看起来有些奇怪。我们从山谷上那些巨大的岩石上翻越，小心翼翼地穿过一条狭窄的通道，右边紧挨着的就是悬崖。

四周美丽的自然景象减轻了行进路上的单调。置身在这片地球上最宏伟的山脉之间，山风旋在山谷之间向我们迎来，那种感觉就好像巨人轻轻抬了一下鞋跟。

在这里，我们认识了一位非常有意思的女士。她虽然瞎了一只眼睛，但是很爱笑，在当地经营着一家客栈。我们把所有的稻草垫子都堆积起来，在有了睡木板的经历之后，现在躺在稻草垫子上面的感觉就好像"公主和豌豆"里面说的一样。

我刚才终于在一块破碎的镜子里看到自己的模样了，真的相当令人震惊！我希望镜子可不是因为看到我的模样才碎的。米克也跟我说，我看起来粗糙极了，自从离开英国之后就再也没洗过脸。但是，我可不想告诉米克，他现在看起来很像卡萨诺瓦（译者注：卡萨诺瓦，1725—1798，意大利冒险家）。

早晨6点，我们离开了定波切开始向更高的大本营出发。还没走出多远，我就目睹了让我终生难忘的一幕。

清晨的气温还很低，突然看到前方路边坐着两位70岁左右的英国绅士正在开心地享用早餐。他们各坐在一张桌子的一头，那桌子被随意地丢弃在这荒野里，歪歪斜斜地立在地上，看上去随时都会倒的样子。这两位绅士看起来已经完全沉浸于在海拔14,500英尺的高度享受火腿和鸡蛋的愉悦之中。

很快，我们了解到了这两位英国怪人的宏伟计划。他们打算用好几年的时间穿越这些山谷，然后"亲眼"看见"伟大的珠穆朗玛"。当其中一个人这么说的时候，我可以看见他们眼睛里立刻冒出来的喜悦之光。在他们的盛情邀请下，我们实在没有理由拒绝加入他们的早餐"宴席"。顿时，我和米克就像两个"国王"，身边有两位如此体贴的"皇后"陪伴。

我和米克吃完早餐，正在喝茶的时候，这两位绅士已经进入了非常深入的谈话，从女王的角色，到英国铁路售卖的三明治品质大不如从前，谈话内容无所不包。看到他们还如此激烈地讨论，我们发觉已经到该离开的时候了。在这样一个神奇的地方偶遇这样神奇的人，实在是非常令人兴奋的事情。我真心希望他们好运，并且继续保持这样向上的心境。

我们沿着一条牦牛道一直走到山谷边缘。前方出现了一片广阔的平原，安静地在泊卡得山脚下展开。我们花了一整个上午穿越了这片平原，经过了那些原来用于关牦牛的旧房子。很快，路线又开始向北转，朝冰川脚下延伸去。它的上面就是大本营所在——那又是一整天的路程。

道路在岩石之间蜿蜒而上，这些岩石经过成年累月的打磨，形成了冰川中的冰碛。沿着这条道走下去，可以看到一些佛教的圣龛，当地叫作"隆达"，散落在不同地方。这些隆达上装饰着许多面彩旗，当你从它们身边经过，它便朝你挥手致意。这几天以来，我们前进的速度明显慢了下来，越往上，空气稀薄的情况也越来越明显。米克和我每走20分钟就需要停下来休息，补充点水分，同时也趁此机会回味一下这片贫瘠土地上的风景。

正午的时候，我们经过一间小木屋时，发现里面有几个尼泊尔搬工，便坐下和他们一起喝了些茶。马上，我们又继续前进，希望赶在天黑之前到达罗布切。当我们翻越了冰川上的冰碛，已经是下午的晚些时候，站在冰川上，我们沐浴在太阳的光辉下。登山的主道已经渐渐融入一条白雪覆盖的小道上，刺目的太阳光反射到我们脸上，可以感受到温暖的光线覆盖在身上。通往大本营的路很快就要走到终点了。明天我们就能到达。上帝保佑！我们甚至已经可以用肉眼看到在冰川的边缘，珠峰脚下，那里就是大本营所在之地。

趁我们坐下休息的片刻，我这样写道：

现在，我们已经完全看不到珠穆朗玛了，她已经完全被我们右边努普色山巨大的山体给挡住了。即使是在大本营，我们也没有办法看到她。除非我们再往上5,000英尺进入到她的领域攀爬，她才会再次向我们展现她的面貌。

两个小时之后，我们到达了罗布切，这里是一小片空地，散落着一些小房子供前往大本营的人歇脚。房子里有一股很重的味道。由于天气寒冷并且海拔很高，没有人关心这里干不干净，人们只是不停地喝酒和抱怨糟糕的天气状况。

这里所谓的厕所，其实就是屋外任何有屎尿残余的地方。事实上，已经没有人会在意有没有厕所，只要找到一片还算干净的区域，拉就是了。因为天气寒冷，大家上厕所的地方都不会离小木屋太远。一天夜里，我很想方便，便走到小木屋外，正在那片充满恶臭的排泄区里找位置的时候，突然，我意识到卫生对于现在自己来说已经是很远古的回忆了。

那天晚上，我们围坐在一个极小的火炉四周。火炉里烧着风干的牦牛粪便，我们和当地的尼泊尔人一起闲聊。不一会儿，有人端上来羌分给大家，又不知是谁拿出了一把旧吉他。这些尼泊尔人都不会弹吉他，但是，他们都很开心地期待听我弹奏。当我试图给他们演奏的时候，可以看到他们的那股热情开始消退了。好吧，你可得知道，只用四根琴弦而不是六根弹奏"美国派"可不是一件容易的事情。不过，第二天他们答应让我把这把吉他带到大本营去。

想到在大本营的时间里大部分都是为接下来的攀登做心理适应的准备工作，我觉得有一把吉他会是不错的补充。当然，我可不确定我团队的其他成员是否会和我想的一样。

清晨6点半，我把吉他装进我的帆布背包，然后便和那些尼泊尔人告别了。他们笑着祝福我们在高海拔稀薄空气（被西藏人称为"毒气"）中能有好运气。很快，我们在清晨的寒冷中开始了到达大本营之前的最后五小时拉练。

还没有走出多远，我就开始因为吃的食物闹肚子了。

"马上就好，米克！"我一边说着，一边急匆匆地跑到一块大石头后面方便去。但是，那天可不是只有我是那个状态。我们每前进十分钟，米克就需要停下来休息一会儿。

食物卫生考验也是尼泊尔登山必修课的一部分。当地人很少会冲洗食物，并且他们的食物也很难长期保鲜。长此下来，他们对细菌的抵抗力很好。尽管我从小在家里养成了肉掉在地上也会捡起来吃掉的习惯，但是，即便对于我这么强大的胃来说，罗布切的那些食物还是难以承受。要适应这里的饮食，最好的也是唯一的方式，就是去吃当地的食物并养成习惯，直到你的身体不再有这些不舒服的反应。如果你的身体一有不适就去吃止泻药片，只能是减慢身体的适应速度。

快到九十点的样子，我已经感觉好多了，只是还有一点脱水。我们沿着冰川的一侧前进，速度却很慢，在冰层和岩石残块之间绕了一个又一个弯。这里成堆的岩石形成了一大片荒地，我们一直沿着一条旧牦牛道走以避免迷路。在这些大石头上爬上爬下让我们筋疲力尽，不得不更频繁地停下来休息。

直到现在这一刻，我似乎才开始真的意识到马拉里所说的"面前不可能完成的任务"，要实现这个不可能完成的任务恐怕只能是个梦想吧。到了目前这个地步，我心里还在摇摆。我甚至还在为眼前这100英尺的高度发愁，怎么可能爬上这么高的海拔到达眼前这个庞然大物的顶端呢。

现在，我的目标变得非常小，甚至都不能太专注。但是，或许保持小目标正是成功的关键。我记得曾经听过的一句话是，要吃掉一头大象要小口咬。现在，即便是一小口我都难以下咽。

我们沿着路线继续向前，经过了一座由许多石块堆积起来的纪念碑。这个碑是为了纪念曾经死在珠穆朗玛峰上的登山者。每一个墓碑都约有八英尺高，中间贴了一张碑主人的照片。这些碑再一次无声地印证了珠峰的威严。罗伯特·霍尔的纪念碑静静地矗立在一处，上面挂着一些前来悼念的人放上去的彩旗。这样的登山悲剧一直在重复，却仍然挡不住人类的脚步。我不知道，这究竟是体现了人类的勇气，还是鲁莽呢。数字是最直观的注脚——162条人命消失在珠峰的山坡之上。

前往大本营的最后三个小时路程，我们完全是在冰川中行进。从那一刻开始，由于登山的最佳季节还没有到达，冰川上还没有修起成形的登山道，我们迂回穿行，朝大本营的方向前进。在冰川上的某些位置，我们还可以看到很远处夏尔巴人的帐篷。再往前走几步，这些帐篷就消失在成片的岩石和冰雪之后。

前方，我们的路线被一段深沟切断了，深沟往下是已经结冰的湖面。我们只好绕过冰川岩石再去找别的路线。我们在那些坡度陡峭，有卡车般大小的岩石上爬上爬下，心情紧张又疲惫。要知道，一周之前那个死去的搬工当时就是在这块迷路的。

这片冰川的表面看起来非常迷人，大片大片覆盖着松软的积雪和岩石。在有些地方，我们可以看到冰川下方深处的景象——大概在我们脚下几百英尺的位置是闪闪发光的像玻璃一般的冰积。偶尔，走在冰面上，你都可以感受到因为冰川移动地面发出来的呻吟。

现在这个季节里，除了卡米派来给我们送绳子和其他装备的夏尔巴人（他们是我们期待见到的第一批到访者），大本营里应该没有其他人。我们这次攀登所需的剩下的大部分工具、御寒衣物会在十天之后有牦牛队伍送到。所以，现在我们身边只有一些基本的徒步工具。我把我的旧厨师裤裤脚塞进袜子里，以防止有风灌进来，又把头上的粗花呢便帽紧紧往下拉了拉，我可不希望把它丢在西藏。

每个人都应该允许自己拥有一些奢侈品。比如说我的一个老朋友斯坦，他曾经在实地训练的时候巧妙地避过了军官，偷偷带上了他的睡衣。但是对我来说，我那条破破旧旧的厨师裤，还有那只全毛理查德·汉娜粗毛呢便帽已经很令我满足了。我可以感觉到，某些时候，大本营的一些登山者对英式着装有些微词，但是，我曾经听过这样一句话："注意，勇气常常藏匿于荒谬之中。"虽然我不确定这句话是否同样适用于我目前的状态，但是，我觉得这值得尝试！

风开始往冰川上吹，气温明显下降了许多。我多么希望自己带上了合适的登山服。我希望快点到达帐篷。这几周来，米克和我一直都处于在路上的状态，我们俩都希望快点到达安顿下来。可是，过了一小时，我们仍然在冰川里蹒跚前进，完全感觉不到离帐篷更近一些。我们俩都没有说话，只是麻木地在脑海里描绘大本营可以给我们提供庇护所的情景。

当我们到达大本营的时候，风来得正劲。我们俩又冷又累。不管怎么说，我们总算是到了。我们走近一个被风吹得不停摆动的帐篷，打开帐篷拉链，钻了进去。里面，四个夏尔巴人围坐在一个小火炉边上，手里握着热茶。他们脏兮兮的脸上露出欢迎我们的笑容。

"你们怎么这么晚才到？我们非常担心。过来喝口茶吧。"

我和米克互相看看，也笑了。

现在，我们的海拔高度是17,450英尺。

Bear Grylls

A special trip to climb mount Everest

06 "没有休眠存在的世界"

你看吧,你又给我搞了些什么麻烦事。

——奥利弗·哈迪

日记，3月12日：

  米克头疼得非常厉害，我可以听见他在帐篷外面呕吐的声音。自从我们到达大本营以来，这一整天里，米克还没说过一句话。看来，他现在的高海拔反应不轻。我强装出一副勇敢的面孔，其实自己感觉也很糟糕。我现在光是坐在这里就已经这样了，之后可怎么办呢。

  血液中缺氧的早期症状是头痛和嗜睡。嗜睡的影响倒不大，但是，我连搭帐篷也必须找人帮忙，这事让我感到有点儿悲哀。特别是搭完帐篷之后，我就一头倒了进去。从那个角度，可以看到外面努普色山巨大的身姿，想到珠穆朗玛这个怪兽还藏在后面，心里就愈加不安。

我放下手里的日记本，打算睡一会儿。虽然还是下午6点半，黑夜已经来临。我感到刺骨的冷，一种我从未体验过的冷。看了一眼我的温度计，上面显示的是零下20摄氏度。

现在，这里还是冬季，不过，再过几周，天气就会慢慢转暖，春天就会光临到山上了。

我钻进我的睡袋里，然后闭上眼睛，心里祈祷着睡眠能够缓解一下我的头疼。顿时，脑海里开始不停地想各种事情：我记起著名的珠峰登山者霍恩拜茵对大本营的描述。他把大本营称为一个"没有休眠存在的世界"。我觉得我现在开始明白这句话了。我又在想米克是否感觉好一点了，然后，还没等我想到任何结果，我已经沉沉地睡过去了。

凌晨1点，我的头像被砸了一下。那种情况用"一只被伤到头的熊"来描述一点儿也不为过。密闭的小小帐篷里空气变得浑浊。不管是打开帐篷让外面刺骨的寒风带入一些新鲜空气进来，还是继续在缺氧的帐篷里忍受头痛都是难做的决定。一直快到天亮，我才把帐篷拉开一点，然后喝了一口保温杯里微温的开水。

要适应高海拔地区生活的地方就是帐篷里的冷凝现象。冷凝现象是指当我们呼吸时，呼出来的气体因为遇冷会在帐篷表面和睡袋表面结冰。但是，随着太阳升起，气温升高，这些冰会化成水滴落下。所以，每天早上大概7点的时候，你的睡袋都是潮的，那些冰冷的水滴到你脸上，你不想起也得起来。

在大本营度过的第一个夜晚，我大概花了半个小时试图去躲开那些滴水，然后极不情愿地从我的睡袋里爬出来，艰难地换上一些干燥暖和的衣服，然后走到帐篷外面。因为头痛的影响，我只能一直眯着眼。

米克还是不见好转。他的帐篷一直紧闭着。一些小鸟落在他帐篷前的空地上。我坐在一旁观察这些小鸟，心里略带嫉妒地好奇道，为何那些小鸟只围在米克的帐篷外面。我又花了些时间观察它们才发现这个秘密。原来，这些鸟都是被昨晚米克吐的呕吐物给吸引来的。我不禁觉得好笑，然后深呼吸了一口这寒冷的空气。清晨的阳光已经爬到我脸上。

日记，3月13日：

我试图尽可能多喝水来缓解头痛的症状，但是我一点东西都吃不进喝不下。今天早餐我只吃了一点从夏尔巴人那弄到的米饭。好在，再过一个星期，等其他人都到的时候，我的饮食条件将大大改善，但现在还必须严格遵循"夏尔巴"的饭量。

我待在大本营里看那些夏尔巴人一大早就出去整理绳索，然后又去看了看第一段攀登的路线。从大本营这个高度看，那些夏尔巴人显得非常强壮。现在的我只有羡慕嫉妒的份了，我可是真心的。

今天上午我花了很多时间整理带过来的装备，把它们一件件地从包里拿出来，然后分好类。现在那把吉他看起来有点多余，我的帐篷里已经堆满了各种工具，实在很难再给它找到一个合适的位置。昨天晚上，这把吉他断了一根弦，估计是因为弦拧得太紧，外加上天气寒冷的原因。

我们所处的大本营海拔已经比欧洲西部的最高峰布兰克峰高出1,600英尺。在冰川顶端的边缘有一片乱石群，远看过去像是点缀在冰面上的大理石，如同月球上粗糙、毫无生机的环境一样，只有玻璃一般的冰碛在这些岩石表面缠绕，勾画出它的轮廓。在这样高的海拔，看不到任何有生机的生物。

当你初次到达大本营，可能需要花去数小时给自己的帐篷搭建一个平台，这样就可以避免雪地里那些高低不平小石头的骚扰。这些冰川上的岩石在冰面顶端危险地保持着平衡。当你听到冰川在你脚下呻吟移动的时候，滑坡、岩石滚落随时都可能发生。

过了几个星期，那些冰块已经不在原来的位置，你的帐篷当然也挪了位置。然后，你会发现自己的帐篷位置会变得有些扭曲，这样你就必须重新选好你那18平方英尺的领地，搭好帐篷，或者说你的简易的"家"。

环顾四周，各个方向都被超出地面上千英尺的高山包围。你可以想象，在那些山神眼中，我们的帐篷就如同橘黄色的微粒散落在绵延上千英里的岩石和冰雪之间。这些山峦在大本营周围形成了一片天然的圆形竞技场，在这个圆形竞技场的三面都挂着巨型的冰川。这些悬挂着的冰川每天都在不停地断裂，并且将可能引发雪崩。在大本营里，你得让帐篷离这些危险因子尽可能远一些，以避免遭受危害。

雪崩的巨大响声打破了这一片的平静。当冰雪再也无法承受自身的重量时，大块大块的冰雪掉落，就好像白色雷电，重重地撞击在山体表面。当雪崩骤然跌落到地面，声音响彻整个山谷，甚至震撼到冰川的基部。

当听到远处冰雪崩塌的第一声声响，那种记忆非常难忘。我们会趴在帐篷边，注视着冰雪飞溅时在天空中形成的白色云层。虽然我们知道自己的位置离雪崩发生的地方还很远，非常安全，但是，第一次在夜里听到这如雷的声响，月光下雪片飞舞如同烟火闪光，心情还是紧张得不行。

这似乎是在提醒我们，在大本营这个安全区之外危机四伏。在这里的山上，因雪崩而导致的死亡人数超过了因寒冷和高海拔而死亡的人数——一定不能忘记这一点。

在最初的几天里，米克和我都在艰难地适应新环境。这里充满了寒冷、极高海拔、岩石和冰雪。一开始，听到脚下的冰川时不时发出的呻吟，我总感到毛骨悚然。环顾四处，找不到一点熟悉的感觉。看不见一棵树，没有流淌的水流，脚下也没有泥土。身边唯一可以称得上慰藉的只有屁股下面坐着的垫子，还有那把三根弦的吉他。

我在日记里写道：

恐惧感只会增加生存的难度。我从没有经历过这样的环境。但是，我必须学会把这当作"家"。因为有一点非常确定的是，大本营是这座山上最安逸的地方了。

那天下午，以及之后的很多个下午，我都会独自坐在帐篷里，读着临行之前家人给我写好的信件。我在背包的一个侧口袋里找到了妈妈给我留的一个小纸条，上面写得非常简单，"天使在天上看着你。"读完，我把妈妈的纸条折好，然后小心地把它收藏起来。

在大本营，我遇见了上次攀登阿玛达布拉峰时认识的两个夏尔巴人，尼玛和帕桑，再次见到他们我真的很开心。他们俩都是非常可爱的人，并且为自己的攀登经历感到非常骄傲。不管讨论到什么话题，他们都能笑得非常奔放，即便是同一个笑话说了好几个小时，他们也一样笑得很开心。你真的会不自觉地喜欢上他们。在接下来的登山压力开始之前，可以跟他们一起度过一段时间，真是一种放松。在此之后，估计就不会有如此放松的时间了。

之后的几天里，米克的高海拔反应已经好了很多，整个人基本上恢复到正常的状态。米克的复原能力很强，就像他面对其他困境和障碍一样，他总是能在最短的时间里调整好状态。

不管是生病，还是在攀登的时候摔得很惨，抑或是为无止境地等待理想的天气状况而沮丧，米克总是能沉着应对。每遇到这样的时刻，米克总会一个人待在自己的帐篷里，静静地调整自己。应付困境，他有自己的一套。所以，当他把自己在帐篷里关了三天之后，面带笑容地走出来，我可是一点也不惊奇。

因为我们的父母彼此非常熟悉，米克和我从小就一起长大。我一直记得米克妈妈在我们临行前跟我说过的话。她说，只要我在米克身边，她相信，米克一定会很安全。有米克在我身边，我也是同感。当米克在身边支持我的时候，我就觉得自己更坚强，他促使我去挑战自己的极限。我们的友谊一直伴随着我前进，我对米克的尊重也越来越多。有的人说，当你看到一个人的弱点，你就会想到他的缺点。但是，对于米克则恰恰相反。这些日子里，我每天都在目睹米克和他体力极限在斗争，作为一个男人，这只让我对他有更深的尊敬。

在大本营适应了一些天之后，米克的身体状况已经恢复正常，我们计划带上一小部分装备往山下走，到14,000英尺的地方进行训练。距离内尔、杰弗里和亨利的队伍到达大本营还有十天时间，我们希望在他们到来前的最后一星期先进行一些攀登训练。我们计划第二天就出发。

日记，3月15日：

又是一个寒冷的夜晚，不过，我开始慢慢学会如何应对这些糟糕的情况。最最重要的一点就是睡觉前在水壶里灌满一壶热水，然后把水壶放在脚边，这样脚趾头就可以暖和上好几个小时，保证早上起来有个好心情。

凌晨4点到5点之间是最冷的时候。水壶在那个时候基本上已经凉了，而且搁在睡袋里不太舒服。今早大概5点的样子，我把水壶从睡袋里拿出来，没想到，它在45分钟内就完全冻硬了。基本上，在天亮前的这几个小时里，我都是蜷缩在我的小世界里——我的睡袋世界。

太阳出来的时候，由于高海拔地区空气中缺少粒子分解射线的照射作用，日照真的非常强烈。米克已经有了熊猫眼。我们两个都被晒出了深棕色皮肤，但绝不是看上去闪着金光、非常性感的那种，我们身上的深棕色是看上去很脏的那种颜色。除了那三头牦牛之外，我们这里没有一个人看上去性感。说到这里，我倒是好奇那些牦牛的毛色，究竟是棕色还是金色呢。

这里的天空是漂亮的深蓝色，在天际边缘，颜色会更深一些。毕竟，我们已经在17,450英尺的高度，就快接近外太空了！

第二天上午，我们从大本营出发往回走，只带上了背包和50英尺长的绳索。我们打算一旦穿过冰川就回到定波切，然后在那里休整一夜，第二天开始爬。但是，我们没有预料到在冰川上往回走这么艰难。冰川上的路线几乎看不到，这意味着我们只能根据大致方位去判断冰川边缘的位置，然后沿着边缘走下去。

本来只需两个小时的路程，我们走了四个小时。好在，我们没有走错。我们两个都已经筋疲力尽，回头看看我们穿越的那大片的岩石和冰雪，我们谁都没有说话，各自陷入沉思。感谢上帝，我们又踏上了陆地。

当天下午，我们往山下走了3,500英尺，回到了定波切。再一次呼吸到含氧量更高的空气，并且又能在燃烧着温暖火炉的房间里睡个好觉了。不过，这次我们回到定波切，看到了更多的徒步者，说明徒步季节很快就到了。这里几乎就快住不下了。我和米克拿出我们的小帐篷，找了一块地方搭建好。虽然睡在帐篷里比在小木屋里要冷一些，但是，不管怎么说，我们又能够听到黑夜里的自然之声，内心又能回归平静了。

第二天，我们在大风和冰雹中走了两个小时回到了潘波切。到潘波切时，我们已经饿得要死，就立刻去大吃了一顿，有米饭、煮蔬菜，还有牦牛奶酪。我们打算当天下午翻越一座山脊到达阿玛达布拉峰脚下，然后在那里度过一晚适应气候和环境。现在，在一顿饱饭之后，我俩围坐在炉火边，都不太情愿马上折回到外面的风雪中开始攀登。

我俩都想留下，但同时，我们清楚再过几天会有一些朋友过来看我们，这样的话，我们训练的时间会更少。所以，我们觉得有必要提前开始训练。于是，我们还是犹犹豫豫地穿上了厚重的外套，带上背包，走进风雪之中，只留下火焰静静燃烧。

我们将一些多余的东西留在了村子里。在穿过一条奔流的河水上的小木桥后，我们开始沿着通往阿玛达布拉峰的山脊往上走。顶着狂风和冰雹前进实在不是什么好事，我们紧了紧衣袖，这样风就灌不进来了。我还记得当初前来攀登阿玛达布拉峰时走过的那条道，当时地上只有岩石和小石堆，现在已经完全被厚厚的积雪覆盖了。两个小时过去，我们开始感到疲惫。即便海拔下降这么多，体能消耗依然非常快，发出需要补充氧气的信号。

我走在前面，在雪地里踩出一条路来。但是，厚厚的迷雾移动到我们这块，已经几乎没办法一直保持正确的路线。越往上走，积雪越厚。由于肩上还背着重达45磅的背包，我发现，我的腰及以下部位都在飘雪中。时不时地，脚下的石头会把我们绊倒。由于一直刮着狂风，雪花在风中发疯似的迎面飞来，让情况变得更糟。我的皮质登山靴现在已经冻住了，完全没办法加快速度，这实在是令人恼火的事情。

终于，这样走了三个小时，我们到达了阿玛达布拉峰的大本营。我们休息了一段时间，再次站在阿玛达布拉峰面前，与上次相见的时候比较起来它变化巨大，这让我很惊奇。10月后季候风带来的温暖已经完全被寒冷代替。那片我曾经躺过的草地，现在已经完全被冰雪覆盖，消失殆尽。

距离太阳下山还有一个半小时时间，我们打算趁天黑前再往山脊上多走一程。没过多久，我们就陷入了更深的飘雪。轮到米克开路了，很快他的速度变慢了下来。我们就这么一直走，可是40分钟过去了，我们仅仅前进了200米。很快，我们意识到自己可能会遇到危险的雪崩情况，于是，立即决定返回到大本营。又是漫长的一天，我们俩都累得不行。

就在我们返回的途中，一大块积雪突然在我们身后断裂。幸好我们赶紧躲到一边去了。雪块沉沉地砸在地面，很安静。我们小心地观察着，继续往回走，走出了一条新的小道。

回到大本营后，我们找到了一块不受雪崩威胁的地方搭起帐篷。费了好大力气，帐篷总算搭好了，马上，我们就被狂躁的风雪给逼进帐篷里。我的手套和雪地靴都已经冻硬了，于是，只好把它们都装进背包里然后放在睡袋下面，试图让它们解解冻。我和米克则不停跺脚，这样可以暖和一点。

我们的这顶帐篷被称为"喜马拉雅探险者"，但是，这么有限的空间实在不足以探险，我和米克几乎是紧挨在一起才睡得下。

晚上8点，我们俩都不约而同地醒了。小小的帐篷密封性特别好，所以我和米克一直在重复呼吸帐篷内有限的空气。那种感觉好像不是在14,000英尺，而是在114,000英尺，缺氧啊。我们忍不住诅咒起这顶帐篷，并决定将它重新取名为"喜马拉雅窒息者"。我们只好把帐篷稍稍打开一个开口，躺下来，开始给对方讲故事，就这样一直聊到很晚，最后，疲惫不堪的我们在《狮子、女巫、魔衣橱》的故事里又一次进入梦乡。

清晨6点半，我们又醒来了。帐篷外的天色非常干净漂亮，但还是相当寒冷。我们颤颤抖抖地从帐篷里爬出来，一边打着寒战一边穿上潮湿的登山靴，然后打包好行李装备。收拾帐篷的时候才发现，帐篷的边角已经在雪地里冻住了，很难拔出来。我们只能奋力往外拔，手都要被冻掉了。

好在，当时天气还不错，我们跳上跳下，这样双脚可以尽快暖起来。能大口呼吸帐篷外的新鲜空气，真好。很快，我开始在雪层下面寻找杜松枝，米克则去找他的点火枪。五分钟之后，我们生起了一团美妙的篝火。围在火边，手脚终于开始暖和起来，固定在雪地里的帐篷支撑点也总算松动了。

杜松枝燃烧起来，不时散发着香气和暖意，心中又充满生机。我们就这样静候太阳爬起来，驱赶雪山清晨的寒意。

我们离开阿玛达布拉峰大本营，开始沿着山脊往下走，阳光的暖意逐渐强烈。我们俩就这样安静地走了两个小时，体会着难得的愉悦，脑海里忍不住想念回到潘波切就可以吃到的新鲜鸡蛋饼。只剩几千米了。

那天，我们真的非常疲惫，但还是相当开心。我俩吃了些东西，又写了会儿日记，带着潮气的衣服装备放在火上，冒着白烟慢慢烘干了。

日记：

我现在感觉好多了，估计是我们的训练终于开始起成效。真的很期待接下来的旅程。明天，我们会见到艾玛和埃里克斯，他们俩从英国过来这边翻越山谷。一想到能在这里见到他们，心情就不由得好一些了。希望他们不会被我身上的深山野林气味吓到。

那天下午，我和米克一直待在旅馆里晒太阳，享受着夏尔巴人的好客和热情。经营这家旅馆的主人已经上了年纪，不过，他喜欢和人提起自己当年在"大山"里的故事，然后一边在炉子上煮米饭。这一天就如此懒洋洋地溜过，不一会儿，一阵睡意来袭。

第二天，我和米克满心欢喜地比赛看谁先走完4000米到达天波切见到姑娘们。在离开英国之前，我们就已经约定好这天中午在村子的活动中心见。之后，再也没人提起过这个事，我们也不知道她们会不会来，但我真的想见到她们。

我们已经好长一段时间没见到过熟人了，所以一想到能见到朋友就特别激动。山野生活吸引我的一点就是非常简单，专注于生活和感受本身，而不需要追赶时间。常规生活方式的一个坏处是日子过得太忙碌，甚至让你没有时间记起几天前你刚见过的人。但是在这山里我们知道，在开始与大山较量之前，与朋友们在一起的每一分每一秒都非常珍贵。我想铭记他们在我身边的每时每刻。

我们走到活动中心，四处张望。里面有两个人围在火堆旁，穿着运动衫，裹着毛毯，正在交头接耳地说话，那是艾玛和埃里克斯。她们的到来好像小半个英国都被搬来这里，这可是不小的鼓励。我们激动的心情真是没法形容。那晚，我们坐着聊了好久好久。

日子一天天过去，我们领着这俩姑娘一起往大本营前进，随着和她们在一起的时间增长，我变得有点害怕，越来越寡落。我知道，她们很快就会返回到村子去。我们越往上走，对于她们来说就越艰难。我真的不想她们再走下去。我没有退缩的余地，因为我的征程很快就要开始。

不过，两个姑娘都表现得非常勇敢，显示出一定要到达大本营去亲眼看看珠穆朗玛峰的决心。现在，她们已经看到了珠穆朗玛峰，只是，我们的位置距离大本营还有好一段距离，她俩开始有点动摇。这些天，艾玛和埃里克斯都出现了头疼眩晕的情况，显然，她们并不怎么享受这段路程。因此，她们决定第二天返回村子。

我们四个人还有一个晚上可以待在一起了。在罗布切，艾玛和埃里克斯一起住在一幢有波纹状的小木屋里的一间卧室。米克和我早已不在乎卧室什么的了，和衣靠着屋子里的火堆边就睡了。第二天一早，米克和我就帮着两个姑娘收拾行李。她们两个的状态都不太好。我真的为她们俩要上来的决心而感动，但是，考虑到安全问题，现在是时候返回了。埃里克斯留给我一张小条，上面简单地提醒我在山上要保持理智。

如果情况不妙，就要勇敢地做出艰难的决定。下山。

这话听起来似乎什么也没说，但是，我不得不承认，她是对的。我在心里祈祷，祈祷当这一刻真的到来的时候，我能有放弃的勇气。早上8点15分，在这个天空清澈的早晨，我送走了这两个好朋友。

那天，我又拿出埃里克斯的小纸条看了又看，在之后的几个月里，我又无数次拿出那张小纸条。

我想你一定非常清楚地知道自己将要面临的艰险，并且身边没有这么多人的支持和关注。不管怎样，一定要坚持你的信念。这些艰险的时刻才是真正重要的时刻。我知道，为了来到这里你已经努力了很久，我也知道，你梦想着爬上巅峰。但是，请不要把你的一切都拿来做赌注。没什么事情是值得你失去一根手指或者脚趾的。记住，你才23岁！

祝你好运，注意安全。我总是觉得你一定会一切安然无恙的。

我希望她是对的。我需要她是对的，可是，我又同时在怀疑着。

那天下午，我和米克独自走完最后这段冰川，默默地返回到大本营。攀登珠峰，现在启程。

Bear Grylls

A special trip to climb mount Everest

07　坠进万丈深渊

我们是朝圣者,大师啊,我们该启程而去
就在前方,总是有一点遥远
就在那片白雪点缀的蓝色山峦之上
就在那片狂躁闪光的海面之上。

——皇家空军特种部队团诗

在珠峰顶部，目及之处是绵延向北的广袤的西藏地区。南边是喜马拉雅山脉辽阔的地域，一直延伸到尼泊尔平原边缘。这个星球上，再也找不到另一个地方能超越这个高度。巅峰之下，万丈深渊之间，冰雪勾勒出逃离珠峰无情吞噬的迷宫一般的出路。

东南脊完全被陡峭的岩石和蓝色冰面覆盖。顺势向前是山腹的峡谷，铺满粉状的雪颗粒，再往下走就到了坳口，距离顶峰大约3,000英尺。我们的四号营地就搭建在这个坳口上，地处洛子峰以南，珠峰以北。

从南坳开始，山体的坡度陡然增加，并有一处5,000英尺深的冰墙，称为洛子坡。三号营地处于离南坳约四分之一路程远的地方。在这段冰墙的脚下，是世界上海拔最高，最令人心惊的村庄所在地。在村庄的一端是我们的二号营地。另一头，大概2,000英尺低一点的地方是我们的一号营地。这片冰川圣地被称为西冰谷，也被称为寂静谷。

乔治·马拉里于1921年首次勘测珠峰时，把这片巨大隐蔽的山谷叫作"谷"。毫无疑问，这个灵感源于他经常出没的威尔士山区。从那以后，这个名字也一直沿用至今。不管从哪一面看，你都难以看清这片冰川的真容，它和四周的巨型山体融合在一起。在山谷口，冰川的影子才渐渐消失。

冰川需经过这个山谷口流到西边，所以，在这个位置冰川断裂得非常厉害。由于无法支撑自身重量，冰川断裂之后形成了瀑布般的冻流，房子大小的冰团逐渐从一侧下滑。这些冰团经年累月地以大约每天一米的速度在移动，不断地破裂，令山上的危险更加难以预料。就像河流经过狭窄的深谷时，水流速度会变湍急，形成激流。同样的，当冰雪相互挤压下降，就会开始起泡沫，这条形成喷涌的冻河就是昆布冰瀑，是上行路上最危险的一段路程。

大本营离昆布冰瀑的底端相隔一段安全的距离。但是，成千上万吨冰雪不断移动、扭转产生的噪音，没日没夜地划破大本营的宁静。这条冰瀑永不停歇。

亨特勋爵在他第一次勘测珠峰的记录中，这样描述这片运动中的冰块：

一片悬崖上悬着厚厚的蓝色冰层，深达100英尺，这些冰层每天都在不断地脱落，掉落下来许许多多块厚板状的冰块。这些冰块原本安静地漂浮，慢慢地，朝悬崖边缘移动，你眼见着这些巨大的块状物从悬崖上摔落下去，期待它在一片寂静中迸发出巨大的能量。可是，由于过于低温，一些冰块被冻住，停止了移动。不过这还没有完全结束，这里，迷宫一样分布着的破冰不断移动，表面不断变化，给穿越造成了最大的威胁。

大约45年之后，亨特勋爵再次来到大本营，他这样写道，冰瀑不见任何改变。我一手端着年轻的夏尔巴女孩尼玛·拉姆做好的甜茶，一手挡住太阳的强光。那片闪着光亮的冰瀑，距离我现在的位置不到400米。那一刻，我的世界几乎静止了。

修建和维护此次穿越冰瀑的路线将由亨利和我们队伍的夏尔巴人承担。这些夏尔巴人已经来了两个星期，在准备冰面上会经常用到的梯子和绳索。他们的进度很快，穿越冰瀑的四分之三的路线已经修好。今天早上也不例外，清晨5点，他们已经到了冰瀑脚下，套好鞋底钉，为接下来的危险工作做准备。

杜松枝燃烧着，一直到最后一根在火中化为灰烬，温暖了我们的帐篷。每天早上，夏尔巴人都会烧一些杜松枝作为给天神的献礼，并向天神祈求平安。等你在大本营待上几天之后，你就会发现，每天大本营烧的杜松枝数目代表了当天在冰瀑的登山者人数。

在那个带着寒意的黎明，我在日记里写道：

3月29日，早上6点15：

大本营现在忙碌多了。昨天，一支新加坡的探险队抵达这里，尼泊尔四分之三的牦牛都被拉到这里给他们搬运行李。我从来没见过这么庞大的装备队伍，我们甚至还听说他们还配备了先进的牙科设备，而米克和我还在为谁带了那罐牙膏而争论不停。相比之下，我们真的很像两个业余选手。真希望我们的装备能快点送来，这样我就不必如此凄惨地穿着这条被风吹得像小旗似的破厨师裤了。我想要一条新牛仔裤。

我们回到山下的那段时间里，这些夏尔巴人已经在大本营上建起了一幢石头建筑。他们用防水油布把它盖上，中间用石头小心地保持平衡。这个石头建筑令我印象深刻，充分反映出夏尔巴人安静而又坚韧的个性。这些工程在没有丝毫的慌乱中，仅用了一个星期就完成了。换作在多塞特郡，我们可能还在讨论谁当"工头"吧。

我们在大本营的大部分时间里都待在被夏尔巴人称为"脏帐篷"的地方。这里是大本营的核心基地，其他小帐篷都围在它四周。

从昨天起，米克和我就开始去平整地面，以便后面来的队友搭帐篷，希望这项工程今天可以完工。往地上扔石头，让地面松动一点，也是不错的身体练习。现在我已经强健不少了。

昨天的晚饭又是标准的夏尔巴餐——米饭和扁豆汤。吃一次，叫美味；吃两回，还不错；但是一次不停地吃上20回，实在是吃伤了。再也等不下去了，队友们快点来吧，带上更可口的食物。

昨晚上，米克穿着他的"大本营"（他给自己的训练鞋起的名字）在脏帐篷里坐着。晚上的气温还是挺低的，穿着训练鞋踩在冰冻的地面上更不好受了。他很嫉妒我有双柔软暖和的月亮靴。晚饭吃到一半，他突然嘟哝着，觉得自己的脚趾现在相当危险，并担心在出发之前他很可能因为冻伤而失去脚趾。后来他干脆把脚悬在空中有六英寸高，然后吃饭。这可让我笑了一整个晚上。

不过，米克和我现在已经开始脚痒痒了。艾玛和埃里克斯两天前已经离开了，队伍的其他人很快就要到了，我们希望能保持好的体能状态，于是，晚饭间我们请求第二天跟着两个登山的夏尔巴人一起到冰瀑去。我们想去冰瀑找到一点感觉，同时这也有助于我们尽快适应那片的环境。这段攀登只有六个小时，但是，我们很清楚只有其他人到来之后才能看出我们的训练成果，因为我们的身体已经更快地适应了高海拔气候。尼玛和帕桑同意了我们的请求。明天会是比较轻松的一天，黎明之后，我们就准备出发。

日记，3月30日：

今天早上，我们在太阳底下坐在卷毡上闲聊，之后又去准备装备。我们检查了背带的长度，调整了吊带，用泡沫把冰斧包起来，这样可以防止冰冻的金属部分粘住手套，然后又是一遍一遍地检查。我从来没有像现在这样，感觉自己一手已经准备非常充分，另一手又毫无准备。不论你再怎么经验丰富，当你进入冰瀑的那一刻，你就是在"赌一把"。拿我自己来说，我从来没有哪次身上是剩着钱从赌场里走出来的。

包括新加坡探险队在内的其他一些登山者已经陆陆续续来到了大本营。第一个新来者是丹麦的迈克，此人挺好说话就是有点傲慢。这是迈克第二次攀登珠峰，他决心不带任何补给氧气，独自登山。光凭这一点，登顶基本无法实现了。在上一次的攀登中，迈克带了很重的装备，这让他消耗了很多能量，没有办法走得更高。

他决定今天再试一次。在大本营有一些夏尔巴人给他做支援，加上有一名电台交流官可以随时保持联系。像那些新加坡人一样，迈克他们的帐篷里也放满了最现代化的装备。这回虽然没有看见先进的医疗设备，不过有很多营养品。

每天，迈克都会把许多高能量、高蛋白质和其他各种高补给的、彩色的、黏糊糊的调和物搅拌在一起喝下去。他向我们保证，这些东西肯定会起作用，用他的话来说，"想成为糟糕天气里的一只火箭，往山上冲。"和迈克相比，我们每天吃的不是什么异域风味的药品和奶昔。吃着这么普通的食物，已经使我们处于不利的位置了。迈克和我们的友谊开始得并不那么愉快。那天，他来我们的帐篷串门，向我们宣布了他晚上的菜单，居然有烤宽面条和匹萨。我们俩已经很久没听说过这两个单词了。想想我们不知持续吃米饭和扁豆汤多少天了，我和米克对迈克的态度立即强硬起来。

从另一方面来说，我们相互分享经验，迈克逐渐变成了我们的朋友和知己，这的确花了一点时间。在大本营，当你只想要一点宁静片刻独处，却遇上像迈克这么有进取心的登山者，是需要花时间适应的。

另外一个到达大本营的新人是长着一张非常和善的脸的玻利维亚登山者博尔纳多。博尔纳多身高只有五英尺左右，他性情很温和，也非常爱笑。笑起来的时候，嘴角拉得有他身高那么长。在之后的八个星期时间里，他成了我们非常亲密的伙伴。博尔纳多在拉帕斯以外的山区里出生和长大。1994年的时候，他已经尝试过从北面攀登珠穆朗玛峰。他攀登了两个月时间，在距离峰顶只有几个小时路程的时候，听到一个德国登山者的呼救。于是，博尔纳多就返回去救下了那个登山者，代价是那次他未能登顶。他的决定是对的，不过，身处在高海拔迷雾弥漫的环境里，做出这样的决定可不是容易的事情。所以，他能有这样的毅力和勇气转身，本身就是一种肯定。

经过长达四年的赞助筹集之后，博尔纳多再次来到了珠峰脚下。他将有可能成为第一个登上世界之巅的南美洲印第安人。博尔纳多只能说一点点英文，不过，当他发现我能说西班牙语之后，他的话匣子就像洪水一般打开了。刹那间，我被淹没在他滔滔不绝的谈话里。博尔纳多已经沉默地在山谷里走了两个多星期,我猜他一定有很强的交流欲望,便坐在那听他说,讨论我们之后的攀登,然后享受着他清晰的南美洲口音。

由于刚刚到达大本营不久,博尔纳多需要几天时间进行休整。他祝福我们在冰瀑的首次尝试好运。他说,他会在望远镜里注视着我们,然后喝完杯子里最后一滴茶,说道,"Vaya con Dios"(神速啊)!

日记,3月30日,傍晚:

今天的晚餐我们吃到了煎午餐肉。这是夏尔巴人为我们登山前准备的最后一顿。尽管因为午餐肉非常不健康在英国已经被禁止出售,但对我们来说在这里能吃到是非常奢侈的事情,所以,那一片片肉入嘴的时候,美味不输任何我曾经吃过的美食。

我的所有需要的装备已经完美地整理好,只等待明天黎明的出发。我甚至觉得自己简直"太古板",能把一切收拾得这么干净整洁。如果莎拉看到的话,她一定会非常惊喜。

我现在能做的就是躺在这里,不断地想象任何一种我可能面对的情况。准备和惧怕让人筋疲力尽,而想到那些死亡人数又毫无帮助。这些可恶的统计学家,还是先担心一下那些活着的人吧。

今天晚上早些时候,我正往帐篷里走,忽然听到一阵巨大的断裂声在山谷里回响。我们后面的一座叫作洛拉山口的地方,山的一面雪墙崩塌了。一段约有50英尺高的厚厚的雪团从峭壁上倾泻而下。随着雪团跌落的速度越快,咆哮声也越来越响,眼看着马上就要冲到大本营这块来了。当时我真担心它会到我们这里,不过,雪团直接垂直跌落到山谷边缘,像爆炸一般,雪片飞溅,冲起几百英尺高。大约过了五分钟才慢慢消停，最终，山谷里又归于寂静。这是迄今为止我所见过的最令人敬畏的景象，也给了明天的旅途一个提醒。

我好像对周围的一切都充满了害怕和担心。寒冷，意外死于雪崩，攀登过程中的煎熬，还有好多好多。没有人会介意偶尔发生的痛和苦，但是，一想到接下来的两个月我都会处于体力极限状态，就不禁打了个寒战。如果在出征的第一天，明天，米克就死了，该怎么办？或者我死了呢？我请求上帝保佑米克和我的安全。拿命做赌注可不是什么好事情。现在，我心里就像打了结，我可以抓住依靠的东西只有我的信仰以及对那些我所爱的人的回忆。

我失眠了整个晚上，躺在那里，心里数着还剩几个小时。冰瀑发出的声响对我来说格外吵闹，也可能是我的耳朵对冰瀑过于敏感了。我不停地翻身，每过半个小时，我就会看一次手表，数一数离我的闹铃响起还剩多长时间。我只希望自己能尽快睡着，好让明天有力气。但是，不管怎样，我就是没睡着过。

登山，其中最残酷的事情之一就是在寒冷刺骨的晚上从温暖安全的睡袋里爬出来。因为在寒冷的夜间，冰瀑的稳定性更有保障，所以，穿越冰瀑的行程大部分要在夜间走完。白天的时候，不仅冰层变得脆弱，气温也会升高很多，20摄氏度的气温在一小时之内可以上升到27摄氏度。假如被困在冰雪之间，同时又要承受阳光温度的照射，人的体能会非常容易被消耗。在缺乏保护的情况下，皮肤可以在数分钟内被灼伤。

像今天早晨这样赶早出发对最后的结果可能起着决定性影响。

不过，再怎么说，天还不亮就要爬出暖和的睡袋，实在需要一番心理斗争。很多次，当我还非常困倦却不得不出发的时候，是我感到最无助最孤独的时候。

我一坐起来，帐篷里凝结的水珠全都掉落在我身上，就像给我盖了一层冰片。我挣扎着穿上及膝高的高海拔靴，帐篷摇晃得更厉害，又震了一层冰渣子。光是这两只靴子的重量可能比大部分人拥有的所有的鞋加起来还要重，要给这两只鞋系好鞋带得花上十分钟。我实在不想拉开帐篷让寒风灌进来，在这个狭小的空间里尽量把能穿的先穿好。我翻了个身把背带缠到腰间，然后紧紧固定住。

"早，米格尔。"我朝米克帐篷的方向结结巴巴地说。

"Hola Oso(早上好，熊)。"一个声音回答了我。这些天博尔纳多和我一直在用西班牙语交谈，米克学得非常快。

当我妹妹还很小的时候，她就给我取了绰号"熊"，我也不知道她为什么要这么叫，我可没浑身长毛，更何况我不会像熊一样咆哮。但是，不知为何，这个名字就这么留下来了。我原本希望，当我到了成熟一点的年纪，没人会这么叫我了。可是，直到今天，在23岁的时候，在珠峰脚下这个冻死人的早上，还被人叫这个名字。我无奈地摇摇头，笑了笑。

然后，就是我们常规的清晨问候了。不管是在大本营，我们的帐篷只相隔几英寸，还是在更高的山上，我们的身体只有几英寸距离，我们每次的问候都是一样的方式——愉快地去讽刺嘲笑一下对方，这样会让你感觉你不是一个人待在这寒冷糟糕的环境里。

我们俩都从帐篷里出来了，此刻是早上5点半。趁着米克收拾背包的当口，我跑到一块石头后面拉屎。清晨是做这事的最佳时期，因为粪便很快会被冻住，这样就闻不到味道了。当太阳升起，大本营气温升高的时候，那些临时的茅厕会发出阵阵恶臭。

今天早上，我遇到的一个挑战是要穿上一件滑翔衣，我不能让衣服掉到地上，得保持蹲坐的姿势，还要不时地搓手取暖，所有这些都需要同时完成。第一次穿的时候，场面一片混乱，不过，多多练习就会更熟练，而这样的练习，在接下来的日子里会有很多机会。

我们试着强迫自己多喝几口夏尔巴粥，但是，真的很难下咽。我感到紧张，喝着这堆油腻的东西更加感觉不舒服。我们放低了声音跟我们的夏尔巴厨师藤巴道别，就像不愿叫醒这片冰瀑。然后，我们往火堆中轻轻放入一根杜松枝，看着它在火中燃尽。接着，带上背包，跟着尼玛和帕桑穿过大本营朝冰瀑脚下走去。

我们在岩石和碎石路上走了大概20分钟，到达进入冰区的入口。昨天下午搬工在这里留下的脚印已经死死冻住，形成一条路线。夏尔巴人在入口点用一根竹棍做了标记。我朝大本营回望了一眼，还能看到杜松枝燃烧冒出的烟尘。希望我们的祈祷能奏效。

我们是今年进入这片冰瀑的第一批西方人。到现在为止，只有夏尔巴人能到达这么深入的地方。我们坐在冰层底端，四周被参差不齐的山峰包围。由于冰瀑底端是平的，当冰层移动的时候，就会在那些扭曲的冰块表面不断堆积。现在周围的山峰把我们包围住，已经看不到大本营，我们坐下来开始穿上鞋底钉。我被一种激动和不安混杂的情绪浸透了全身。终于，我们开始了这次梦寐以求的任务。我为这一切刚刚开始而激动不已，好想把它咬住了，如果能把它死死咬在我的牙齿间，它就能更好掌控了。但接着，我又开始紧张了，有点感到不舒服。前方还是一片未知。

我们开始往迷宫深处走。我们的鞋底钉用它新鲜尖锐的牙齿锋利地刺进玻璃一样的冰层中。我喜欢这样的感觉。随着冰层变得陡峭，我们开始往这个冰雪城堡的更深处走，并且开始需要用到绳索。夏尔巴人这些天里辛苦拉出来的绳索路线绵延很长。我们把背带上的钢环套在一根固定好的绳索上。绳索被拧在我们面前的冰墙外，使劲往上推，我们爬过了冰层边缘，在更高更稀薄的空气里费力地呼吸。

接下来，前面是另一片扭曲的冰层，站在刚才的位置是看不到这片冰区的。随着我们往上爬，大本营开始处于我们下方，变得越来越小，越来越远。

我已经适应了穿着鞋底钉走路，小心翼翼地踩下每一步，以避免它锋利的牙齿划破我的滑翔衣。由于我还比较生疏，当我要往冰里踩时，鞋底钉两次在衣服上划出口子。

黎明渐渐来临，空中带着点迷雾，很快，大本营就变得模糊起来。我们再次检查了装备，然后继续前进。跟着夏尔巴人的节奏，每一步都很稳，容易掌控，这让我感觉不错。尽管现在是我此次到达尼泊尔所处的最高位置，我感觉自己在稀薄空气中的适应情况还是挺不错的。

不久，我们来到了跨越冰层裂口的第一座铝梯。绳索的复杂结构保证了这些梯桥的安全性，不过，我们还是会遇到裂口挪动的情况。在这里，已经修建好的梯子悬挂在冰块之间，在风中缠绕，由于冰层移动导致绳索的结构被破坏，会出现绳子承受不住拉力而断裂的情况。这个时候，我们会等待尼玛和帕桑这两个冰瀑"医生"重新把路线给修好。

在冰瀑的所有工作都是在寂静中进行，这样最安全。当我们需要中途休息的时候，"冰瀑医生"会靠在附近的冰墙上默默地吸烟。当路线修理好之后，我们又继续前进。我们换上新绳索，套住，然后走上吓人的梯桥，身下则是无尽的黑暗深渊。夏尔巴人相信，有的非常深的裂口可以连通到美洲。往下看，我可以理解他们这么想的原因。在这片安静的冰雪中，蕴含着某些不吉利的东西。

我们每走一步都非常小心。我们的鞋底钉必须稳稳地穿入凹槽迅速套稳，否则容易在金属梯子上打滑。只要上一步走稳了，你才能开始下一步，你的眼睛必须专注在梯子上而不是梯子下方。这些是安全穿越的关键。

我们可不想去测试套在我们身上的绳索的承重能力。这些绳子都是作为预防措施而不是救生用的。由于在冰瀑需要大量的绳索，绳索的重量相当轻。这些绳子是为了帮助攀爬设计的，而不是用于应对不小心摔落时拉拽的。这种绳子属于多用途细绳，你可别期望它在紧急时刻能救命。因此，我们更应该谨慎地对待每一步。

每次通过一片冰层，我们都捏了一把汗，气喘吁吁，便解开绳索，又套上另一段绳索，从危险的边缘移开，然后在一块相对安全的地方休息一会儿，恢复体力。

我们就这样慢慢前进，大概走了四个半小时的时间，才到达冰瀑核心地区。我们四个人挤在一片有遮挡的地方喝点水，稍事休息。这里并不是最安全的地方，只是，在这片冰冻的瀑布之上实在找不出一块称得上真正安全的地方。太阳光开始变强烈了。休息的时候，我们需要带上帽子，以保护头部和脸部不受阳光的伤害。我们很清楚这里阳光的厉害，非常小心地涂上厚厚的防晒霜。

我们跟着两个"医生"继续在破碎的冰块之间穿行。冰冻的桥身和巨大的冰块形成了50度的夹角，我们蹑手蹑脚慢慢向前挪，头顶上是一片悬空的冰层。我知道，我们现在站着的地方，就在一天之前，还和头顶的这块冰层是完整的一块，它的裂口处还清晰可见。

不一会儿，我们来到一片相对宽阔的平坦位置，到这里，冰瀑大约已经穿越了一半。我们以为应该可以看见冰瀑的顶端了吧，虽然我们距离顶端还有相当长的距离，不过，我们也不是很确定。现在，已经到中午了。

我们的夏尔巴医生说，他们打算待在这片平坦的地方，要回去修理部分我们刚才经过的路线。米克和我同意单独往前走到三分之二的位置再回来与他们会合，然后一起回去。他们告诉我们必须在下午两点之前回来。到目前为止，我们已经在冰瀑里待了六个小时。

我们两个单独出发了。我感觉自己更强壮些，便走在前面带路。我和米克是这片领地的第一个夏尔巴人以外的到访者。现在，只有我们俩行进在这里，一步一步无声地朝我们的目标前进，这种感觉好极了。

在这片银白世界里，很难找到什么能把你的注意力从眼前的脚步移开，能保持高度的专注，这种感觉非常好。我们在雪地上开路，牢牢地套上保护绳索，头脑相当清晰。新鲜的空气灌满了肺。你可以感到身体在吸收吸进来的任何一点氧气，真的感觉太棒了。

现在，路线开始更崎岖了，好几个梯子被绑在一起，撑在一块有50英尺高的冰块下。那些悬空的冰块体积也比之前的更大，更危险。我们每做一步动作都更加小心翼翼，时刻警惕周围的动静。我们俩一言不发地走着。1点45分的时候，我们不能再往前走了。昨晚落下的冰块已经把前面的路堵死了。绳索被压在冰块下面，拉得紧紧的。我回头看了看后面的米克，他指了指手表，我们必须马上返回。

我突然发现自己站着的这块地方是冰瀑非常不稳定的位置，自己现在的处境非常不安全，就马上往米克的方向走。突然，从我右手边200米处传来一阵响声，是一大块冰块断裂的声音。我俯下身，死死地盯着。雪还没扑到我这边来就已经停住了，我站稳脚步，加快速度往米克的方向走。我必须马上离开这里，太危险了。

我们所处的冰层的颜色是深蓝色的，这块冰层的顶端距离我们还有100英尺。它看上去很不稳定，冰层很薄，在太阳的炙烤下随时会倒下来的样子。现在是正午时分，正是冰瀑最危险的时候，如果冰块融化了，随时可能发生崩塌。体能已经不允许我们奔跑穿越这片悬空的冰块。那样的话，我们必须停下来，歇一阵，还是逃不出这片冰块的魔掌。但是，又有什么办法呢，我们必须停下来让身体吸收更多氧气。

我们刚在安全的一侧落地，就会坐下尽快恢复体力，相互打气。初来这片冰瀑，我们还在慢慢了解它的脾气。

很快，我们走出危险，回到了刚刚和夏尔巴向导分别的平地。我们穿过他们刚刚修好的那部分路线，现在，和他们的距离不到100米。我真的很高兴再次看到他们，然后一起返回到大本营。我们已经在冰雪中待了整整九个小时，非常疲惫。但这和之后经历的事情比起来，实在算不了什么。

当我走过一个檐口，几乎可以听见尼玛和帕桑的说话声，顿时浑身充满能量，从一个冰块猛地跳到另一块上面，朝他们跑去。只剩十码的距离了，非常近了。终于重聚了，我忍不住笑话他们警惕地小声说话的样子。

我解下身上的绳子，又套到下一根绳索上，靠着冰墙休息。正在这时，我脚下的冰面开了个大口子。

瞬间，地面开始破裂，立刻跌落下去。我的腿扣在一起，身体也开始下跌。我摔倒在裂口的一侧灰色墙体边，之后，这片墙体落到一片薄冰下面去了。

我的鞋底钉艰难地抓住裂口的边缘，作用力将我推到另一侧，那股力量几乎将我的肩膀和双臂砸碎在冰面上。我还在跌落，突然，上面一股力量猛地将我拉住，是绳索。跌落的冰雪重重地砸在我的头上，几乎要把我的脖子给折断了。有几秒的时间里，我失去了意识。然后，我看见那些从上面掉下来的冰跌落进无尽的黑暗之中。我危险地悬在空中，四周诡异地安静。

肾上腺素突然在体内奔涌，我忍不住不断抽搐。我使出所有力气呼叫，但是已经完全不记得自己当时说了什么。我只听见自己的回声在冰墙之间回荡。我抬头看着从上面落下的一束光，然后望了一下身后的深渊。恐惧包围着我，我死死地抓住一面冰墙，但是这里的冰墙都像玻璃一样光滑。我发疯地用冰斧往上砸，但是根本无法支撑，只能靠鞋底钉挂在冰面上，而身体完全找不到依靠。我绝望地抓紧了绳索，向上看，"抓紧了，抓紧了！"

我从背带里拿出上升器（这是个可以帮你爬绳子并防止下滑的工具），我使劲把它挂上绳子，确保万无一失。这时候，我感到绳子上方一股重力将我往上拉，是米克他们在拉我。如果我不使劲他们没法救我上去，并且这根保护绳不是专门用于紧急情况的。在这样的拉力下没有断裂已经是奇迹了，所以，危险随时都有可能发生。绳索传来的拉力给了我踢冰墙所需要的作用力，这一次，我的鞋底钉牢牢地刺进冰层里。

每往上升一点，我就使劲往冰墙边靠。快升到断崖边缘的时候，我死命地把冰斧砸进冰面里，支撑着自己向岸上爬。几只有力的臂膀抓牢了我的滑翔衣，将我从断崖边缘拉了回来。终于脱险了，大家都疲惫不堪地倒在地上。我把脸埋进雪里，紧闭住双眼，依然惧怕地摇头。

尼玛和帕桑抱头坐在地上，大口地喘着粗气，眼神里还带着恐惧。虽然刚才的危险已经过了，但是，面前这两个珠峰上最勇敢最坚强的"冰瀑医生"脸上还满是震惊。米克还被困在刚才破裂的冰层的另一侧。尼玛放下一个梯子，米克谨慎地挪着步子过来。他走过来后，一只胳膊绕到我肩上，什么都没说。我还在发抖着。

我的信心徒然轰塌。从冰瀑返回的这两个小时路程里，米克一直护送我。每根绳索我都死死抓住，在身上套两次。再次通过冰块裂口上的梯桥时，我完全变了一个人；这次的我，是从生死一线回来的人，已经没有了之前鲁莽的百分之百把握，取而代之的是简单的自信。事实上，现在每经过一座梯桥，我都感觉自己像要用一辈子时间才能走过去。我的呼吸变得急促，身上的力量也离我而去。

落进冰墙裂口里，被坚硬的冰体撞击，我的手肘已经变得非常僵硬，并且肿得厉害。我试着用那只没有受伤的胳膊去动一动受伤的胳膊，但是情况并不妙。

那天晚上，回到大本营，我独自躺在帐篷里，快到天亮的时候，我发现自己一直在发抖。我真的是非常幸运。毫无疑问，我的命是尼玛和帕桑给的。

我写道：

3月31日，午夜：

我感到浑身没劲。今天发生的事情来得过于突然，我还没来得及接受这一切。在冰瀑严酷的环境里走了九个小时，我现在觉得有点脱水。然而，我也才意识到自己是如此幸运，差一点，我的命运就会完全被改写了。我推测不出那根绳索当时怎么会那么牢固地把我拉住。冰崖裂口下的可怕景象还在脑子里清晰可见——这真的太可怕了。

今天吃晚饭的时候，冰瀑医生飞快地向其他几个夏尔巴人描述今天的情况，还一边生动地比画手势。今天藤巴给了我三倍的饭量，我却吃不下一点东西。现在，我很需要陪伴，但同时，我又希望一个人待着。

以前，我的帐篷总是整理得井井有条干干净净，可是现在，这里是杂乱的丛林，划破的滑翔衣，护腿，雪地靴。我打算明天去把它们修补好。藤巴说了，他明天会来帮我一起干。他笑起来的样子，有种无以言表的温暖。从来没见过那个满口黑牙的人如此有魅力。他真是个好人。

现在是午夜，外面出奇的安静。我好想躺下了好好休息，可是，脑子里却一遍又一遍地想着同样的事情。我很害怕再次回到冰雪之境。

我真的很想念莎拉，还有我的家人们。我好希望现在身边有朋友陪着，查理、塔克，还有爱德华。我想知道他们现在都在做什么呢。如果我现在为他们祈祷，或许他们也会为我祈祷，我真的非常需要他们为我祈祷。

我刚才迷迷糊糊地睡了一个小时，但是，冰裂的场景死死地揪着我的脑海不放。掉落，是一种非常无助的感觉，因为你完全无计可施。这和我那次降落伞事故时的感觉很像。我祈祷，这些噩梦不要再来打搅我。

在我整个军旅生涯中，甚至包括摔断背的那次，我从来没有感觉自己与死亡如此之近。这让我开始对自己生命中所有的美好、美丽的事物深深地感激起来。我并不是经常有这样的体会，不过，前提是我还不想死。生命中，有太多太多我还想为之而活的东西。这不禁让我反问自己，我来这里冒险究竟是为了什么。

尽管还是有恐惧感，我还是觉得做这种尝试不是毫无意义的。我的期望值可能已经有所降低，不过，我还是决定留下来。我只祈求，再也不要经历这样的意外第二次。今夜，我独自在此，写下这些话，"感谢你们的帮助，我的主，以及我的朋友。"

Bear Grylls

A special trip to climb mount Everest

08 他们在哪儿?

明白为何而活的人,能够承受一切苦难。

——尼采

4月1日的早晨，天气美丽极了。我坐在冰天雪地里，沉浸在清晨阳光的沐浴下，开始修补自己损坏的工具。我的手肘肿得比较厉害，一弯臂就会痛。米克坐在我身边，我们一直在聊天，聊眼前的山还有未来的事情。我脑子里现在只有这些。

"至少我可以不必绞尽脑汁想办法跟内尔和亨利解释你为何不能够跟我们一起出发了，"米克开玩笑跟我说，"如果你来不了，你的垫子可就给我用了。"

"谢谢你，米格尔，"我回应他，"不管怎么说，我要是没遭遇那一回，今天你可没事干了，来给我搭把手修理这把吉他。"

我们俩坐在一起轻松地聊天干活，这种感觉非常惬意。而另外两个队友再过两天就能跟我们会合。

那天下午，正当米克和我四仰八叉地像两个庞培哲学家一样思考世界的时候，突然，听到外面有女人的声音，这顿时让我们两个复活了。几分钟之前，我们俩还在争论今天该轮到谁去帐篷外30多米远的地方取水。现在，一听到姑娘们的声音，我们俩顿时像变了一个人，仿佛两个绝地武士。

"你好，你们是来这里徒步攀登吗？"她们俩其中的一个问到。

"呃，是啊，是这样的，"我回答道，"你看起来很累，我能不能……"

"当然可以，进来喝杯茶吧。"身后的米克立刻抢到我前面。

整个下午，除了在我乱糟糟的帐篷里聊天以外，我们别的什么事也没干。原来，这两个女孩到尼泊尔已经有三个星期了，她们是跟一队徒步者一起来的。她俩是这队徒步者里仅有的走到大本营的人，其他人早已经放弃了。

"那些男生开始都是热情高涨，还把我们俩叫作'慢教练'，不过，走到现在的就剩我们两个人了。"

这些话听起来非常熟悉。高度是一把利尺，在和时间的赛跑中，那些乌龟还是赢过了野兔。而眼前这两只乌龟，是我所见过的最美丽的。在闲聊中，这一天很快就过去了。

不过，这个欢乐的下午很快就要结束了。

"看看，你们两个最好在天黑之前离开，到罗布切至少还得三个小时。"到了不得不分别的时候。米克看起来像一个想家的孩子，表情很像第一次离家和父母道别的样子，但是，这些只有我看得出来。

在两个女孩给水杯装热茶的空当，我赶紧写了一张给莎拉的小条，折好放进从家里带来的信封，写上莎拉的地址。我的小条是这么写的："不要忘记我。我答应过你，一定会回来。我爱你。迟到的生日快乐。贝尔。"

我把信封交给了两个女孩,她们答应回国后会替我寄出去。我告诉她们,现在我身上没有钱,不得不先欠着邮资。我从没有像现在这样如此想见到莎拉。对于昨天掉落的事情,我只字不提,我想这样会比较好。我只希望,我的小纸条能安全到达莎拉的手中。三个星期之后,莎拉在家门口的一堆信件里,看到了一个破破烂烂的信封,她拿起来打开,笑了。

那个晚上,又只剩下了我们两个大男人。风轻柔地吹过冰川,我蜷缩在睡袋里,聆听风的节奏一直到睡意彻底将我俘虏。我实在太需要好好休息了,那一觉我一直睡到天亮。

大概是4点到6点之间,我躺在睡袋里,任思绪流淌。现在,我开始慢慢适应这个地方。夜里待在帐篷里已经没有了开始的不安全感,并且我现在对夜里的低温天气也适应得更好。我的自信慢慢在恢复。

早上我从帐篷里出来的时候,那两位冰瀑医生已经到冰瀑开始工作了。他们经过一天休息调整之后,已经等不及继续往前推进路线到一号营地了。我们的一天就在这样的慢节奏里开始,"登山"的现实就是这样——一直处于"休闲"的状态。

在经过极端强烈的体力消耗之后,人体需要及时的休息恢复。处于高海拔意味着人体已经处于应对缺氧环境的压力之下,这种情况下,人体要恢复到正常的状态需要比在海平面地区更长的时间。这需要时间,也需要耐性。但是,当远离"正常"生活的繁杂,你可以尽情地吸收山川带给你的能力。

下午晚些时候,脏帐篷里开始有了一阵嘈杂声,这意味着有情况。我们也好奇地凑过去看热闹，完全不知道到底发生了什么事情。

"已经这么晚了，冰瀑医生呢？"藤巴嘟囔着，"平时这个时候，他们已经回来两个小时了，再过一会儿天就要黑了。"

他说得没错。这里一到6点半，天就几乎全黑了。现在，已经是5点半，天空看起来与以往有些不同，一副凶恶的样子。今晚，总觉得有什么地方不对。"为什么两个医生这么晚了还没回来？"我也找不到答案。

米克和我拿起望远镜观察冰瀑，可是我们看不到冰面上有任何像两个人影的迹象。风刮得渐渐厉害起来，当黄昏来临，冰瀑彻底消失在旋转的迷雾之中。两个医生到现在还没回来，藤巴和其他的夏尔巴人都开始紧张起来。

藤巴身高只有五英尺多一点，留着齐耳长的脏兮兮的黑头发，还打着结，很不整洁。这时，他正紧张地拨弄着炉火。火还没燃起来。他踏着两只旧了的没系鞋带的锐步训练鞋，想去弄好燃烧器。他舔了舔活塞的一端，然后把它压回去，使劲地朝风箱里拉风。燃油圈发出噼啪声，终于点燃了。

所有的夏尔巴人都围到火炉边，紧张地窃窃私语。十分钟之内，从帐篷里跑出去三次去查看冰瀑的情况，希望能看到一点冰瀑医生的迹象。但是，依然什么也没看见。不一会儿，风变得更劲，夏尔巴人跑到我和米克这里寻求帮助。我俩是这里唯一到过冰瀑的人，但是，我们也不知道该怎么办才好。随着时间的推移，我们的选择越来越少。

米克和我绞尽脑汁希望想出什么好办法来。

"好吧，现在理性地想想这个事情，"米克说道，"他们要么被困在冰瀑里，要么其中一个受了伤，不得不减慢速度返回。如果这两种情况都不是的话，那么……"

我们两个都相当清楚上面的危险，知道他们俩已经遇难的可能性非常大。不然，这两个经验最丰富的夏尔巴人怎么还没有回来，并且也看不到任何一点告知其他人他们还活着的信号？他们现在肯定处于相当危险的境遇之中。穷凶极恶的风不断地动摇冰瀑上的冰雪，风撞上了我们的帐篷，响声在整个冰川里回荡。情况变得越来越糟。

尽管我们一再安慰这些夏尔巴厨师们，但是，我们心里清楚地知道，这两个冰瀑医生要么已经遇难，要么还在和危险做殊死搏斗。而他们的装备并不足以让他们在这样险恶的环境下坚持一整夜。他们总是带尽可能少的个人装备，这样他们可以带更多的绳子和冰用螺丝钉。他们穿的衣服很薄，适合在白天气温较高的时候工作六个小时，寒冷很快就可能要了他们的命。

我们似乎已经无计可施，我们可以做什么呢？我思考。老天，在冰瀑那种条件下，我们甚至都不太可能找对路线。那些指引路线的脚印，现在恐怕已经被埋在六英寸深的积雪下面了。那些指示路线的绳子也应该已经被埋起来了，在这种条件下还要在冰瀑里攀登无疑是自杀。如果稍有不慎踩到了面上覆盖新雪的裂缝，就是走入了死亡陷阱。生还的可能性微乎其微，找到两人的遗体的可能性会更大。但是我们只能坐着干等，这种沮丧和无助感实在是非常煎熬。现在已经是夜里十点，我们知道，他们生还的希望已经几乎熄灭了。

博尔纳多和我们一起坐在帐篷里，我们在大本营点了一盏指引灯，这样，如果冰瀑医生还活着，他们就能看见，给他们带去一点希望。尽管我相当怀疑他们是否可以穿过空气中迷雾一般的冰雪看见这盏灯。我们现在可以做的就是煮热茶,继续等待和为他们祷告。每一分钟过得都像一个小时那么漫长。

一直到午夜的时候,依然一点消息也没有。我们讨论决定,现在最合适的办法是赶紧睡几个小时,然后在天亮之前出发去冰瀑。即使是在天亮前冰瀑天气状况好一点的时候,这样上去也是非常不明智的行为,可是,这是我们现在唯一可能找到他们的机会——活着还是死了。一想到冰瀑上茫茫白雪覆盖的景象,我就开始害怕,这实在是生还希望相当渺茫的地方。我回到自己的帐篷,知道我们已经别无选择——我们将在4点出发。我好害怕看到这两个几天之前将我带回到安全之地的人已经死了。这一切发生得太快,让我措手不及。

我还躺在帐篷里的时候,听见米克在他的帐篷里挪来挪去。他在穿靴子和护具,准备需要的工具。外面是寒冷和无尽的黑暗,米克的手电筒光在他的帐篷里晃来晃去。

我们在这里,距离安全的家乡上万英里之外。所有大本营的人都看着我们。当我们向新加坡的团队请求帮助时,他们也拒绝加入我们。他们还没有开始一天的佛教祷告仪式,祈求保佑他们在山上的平安。在没有进行仪式之前就进入冰瀑是会触怒山神的,他们不打算这么干。于是,责任完全落到我和米克的身上。我们是仅有的两个到过那里并且知道路线的人。

我们躺在帐篷里,做着心理准备。我想知道,如果医生们还活着,这个时候他们在想些什么呢。他们知道一旦有机会,我们肯定会尽快去找他们。我向上帝祷告,希望他们能支持到我们找到他们以后。我这么想着,也没了睡意。

凌晨1点半的时候,我突然听到一阵金属撞击的丁零声。这个声音太熟悉了,护具安全钩和下降器撞在一起的时候就是这个声音。有人在外面慢慢走,非常的慢。我赶紧穿上鞋子,套上一件夹克,抓起我的头灯就往黑暗里跑。米克也从他的帐篷里出来了。向我们迎面走来的是帕桑,此时,他正极其缓慢地挪着步子。他身上从上到下都覆盖着雪,衣袖已经冻住了,护目镜和头巾上都挂着冰柱。他疲惫地朝冰瀑的方向招手。

"尼玛还在非常后面。非常慢,太累了。需要帮助,非常累。"他艰难地喘着气,好不容易说出几个字。

藤巴也跑了出来,异常兴奋地跑向帕桑,把他带进了帐篷。我们扶着帕桑坐下,倒上一杯热茶。现在雪地里应该有帕桑的脚印可以带我们找到尼玛。我们把帕桑留下来让其他夏尔巴厨师照顾,然后赶紧往冰瀑走。藤巴拒绝让我们俩单独去,他要跟我们一起去找尼玛。我知道,尼玛是藤巴最好的朋友。

藤巴穿得非常单薄,还是那双旧得破洞的训练鞋,也没有戴手套。由于担心害怕,他已经来不及思考这些。他要找到尼玛。我们拦住他,说服他回去,否则他会冻伤脚趾。可是藤巴拒绝了我们,坚持跟我们去冰瀑。那些脚印被新落下的冰雪给覆盖了,不过,还是可以从新雪的表面隐约看出路线。我们大声呼叫,摇晃着手里的灯,希望可以快点找到尼玛。

30分钟后,距离我们500米的前方是一片浮冰,我们就快到冰瀑脚下了。这里的风吹得更加穷凶极恶,现在这个时候寒冷更加刺骨,藤巴落在了后面。

突然这个时候,在一片冰层上端出现了一个人影,就好像一个醉汉跌跌撞撞地在雪地里爬着。那个人影深深地弯着背，非常虚弱，看过去好像有100岁那么老了。突然，他摔倒在脚下的雪地里，我们赶紧跑了过去。

"你现在很好，尼玛。你安全了。我们很快就到家了。"我们不断地安慰他。米克把他的头灯戴在尼玛头上，这样他可以看得更清楚脚下的路，尼玛的脚步也更坚定一点。他想向我们展示，他还是很坚强的，他不想让我们失望。他坚持着艰难地往前又走了几丈地，一直到我们强行让他停下来休息喝点热茶。尼玛这时再也支撑不住，倒了下去。

我们从深深的积雪里走出来，然后准备帮尼玛卸下鞋底钉，这样他可以行动更自由。尼玛太骄傲，即便是现在这种情况也不肯让我们动手。尼玛的手指已经被冻得僵硬，他还坚持要自己脱下脚上的鞋底钉。但是，他的手指已经很难动弹，他这才犹犹豫豫地让我们帮他。当我们正要帮尼玛把鞋底钉取下的时候，我才发现旁边一直沉默的藤巴。

我迅速瞟了他一眼。衣着单薄的藤巴在风雪中跑了这么久，这时他全身不停地在发抖。现在，需要帮助的是藤巴，连状况不佳的尼玛也看出来了。他们俩是最好的朋友。尼玛是个像大山一般强壮的男人，藤巴是个令人开心的厨子。尼玛知道，他的朋友并不善于应付这种环境。我们好不容易给藤巴套上保暖的衣物，又给尼玛取下了鞋底钉，我们四个这才继续缓慢地往回走。我们四个回到大本营时候的样子肯定非常狼狈。但是，不管怎样，这两个在自然界极端恶劣的环境中展现出人类惊人求生能力的男人总算是活着回来了。

我们大家围坐在火炉旁，一边喝着茶，一边吃面条，笑声又回来了。藤巴终于找回了他最好的朋友，这下，他悬着的心总算可以放下了。我们蜷缩着烤火，好让身体慢慢暖和起来，关于尼玛和帕桑的今夜遭遇又慢慢传开了。

就在尼玛和帕桑到达冰瀑的最后一段时，他们看见前方有一片30英尺高的冰墙一直延伸到冰瀑的边缘。尼玛先往上爬，帕桑在后面递绳子，一边往上走，一边要将岩钉钻入冰层里，不知不觉过了时间。他们俩都没有戴手表，到傍晚的时候，他们不得不折回来，往大本营走。一旦天黑，这里将变成完全不同的一片战场。

他们俩工作得太投入，谁都没有注意到险恶的天气正在逼近。乌云比平时来得更早。他们俩只带了一个头灯，不久，电量就耗尽了。到夜里8点的时候，头灯已经完全没电，那时，他们俩还在很高的地方。风雪刮得非常强劲，看不清五丈以外的任何东西。于是，他们俩匍匐在地上，慢慢地从冰瀑上下来。

一路上，由于地面新堆积的雪层盖住了危险的裂缝，帕桑有三次都险些掉落下去，好在身后的尼玛每次都迅速地抓住了绳子。他们就这么往下走了五个小时。他们相当清楚，在这么寒冷的天气里，他们不可能撑到明天早上。如果不继续往回走，只有死路一条。

凌晨1点半，帕桑跟跟跄跄地经过了我的帐篷外面，他的岩钉钢环丁零作响。

从这次意外中，我们又学到了一些经验：在冰瀑中必须注意控制时间，必须带上足够的装备以应对紧急情况，头灯必须人手一支。这些都是最基本的。但是，这两位医生是大师，而所有的大师都狠疯狂。那样的恶劣条件足以令任何一个能力和决心稍有欠缺的人毙命，是他们无与伦比的决心和惊人的沉着毅力支撑着他们活着回来。尽管如此，他们知道自己还是多少靠了幸运。他们笑谈着，已经比之前暖和了许多。尼玛和帕桑，这两个征服冰瀑的医生，回到各自的帐篷里休息去了。此时，是凌晨3点15分。

整个大本营都松了一口气。我们和博尔纳多，还有一对来自新加坡队的夫妇坐在一起喝着一种掺杂了青稞酒的茶，说是有"治疗"效果！我们非常感谢当时新加坡队在大本营支起的门灯，这给两个医生找准方向提供了帮助。新加坡队中没有人去过冰瀑，他们已经给到了可以给的帮助了。

布鲁斯是新加坡队在大本营的经理，他一点儿也不像个东方人，他的苏格兰口音和行为举止倒像是个约克郡的黄布丁。我们喝茶的时候，布鲁斯就一直在抱怨青稞酒的味道。

"我现在最需要的就是杰克丹尼酒了，"他开玩笑地说，一边喝下回帐篷之前的最后一口茶水。

很快，我们大家都回到各自的帐篷里——风渐渐温顺下来。外面的声音安静了许多，我进入了梦乡。

早晨4点半，我突然醒了过来。在一片嘈杂响声里，我完全听不到自己的声音。外面天色依然很黑，狂风死命地刮，好像不把我的帐篷连根吹起就不罢休的样子。我立马就清醒许多，张开身子紧紧地稳住帐篷。又是一阵狂风刮来，紧接着，小片刻宁静，然后……啊！帐篷几乎就要整个被刮起，帐篷被从各个方向来的风猛烈地鞭打，我真担心它会被撕破。雪从身后的帐篷衬里上的通风孔里灌进来，在外层帆布层下打着旋，然后落进帐篷里。我试着找些东西想把通风孔给堵住，但是完全是徒劳。

米克也在跟我做同样的斗争。他找了工具挡住帐篷的衬里，但是很快，他就躺在足足有四英寸厚的雪里。

我俩双双采取了最后的绝招，就是爬进背包里，然后拉上拉链，这样就可以把我们自己和帐篷里的雪、冷空气隔绝开来。山神的这次发怒，带来了时速达80迈的狂风，持续了整整两个小时。冰原上，一片哀嚎。大本营再一次经历了风雪的撞击。

"贝尔，这里简直是疯了，动起来，"米克朝我喊道，一边拉开我的帐篷钻进来，"我们可不能两个帐篷都毁了，至少我们得把命保住。我的帐篷的情况比你的还糟糕，都快被埋在雪里了。"

我们必须大声向对方喊话才能让对方听见。

"感谢上帝，医生及时回来了。在这鬼天气里，他们如果再多待十分钟，就没了。"我喊道。

"跟我说说看。刚才在你帐篷外面的时候，我几乎就要被吹起来了。"米克回应道。

和米克待在一起，我感到安全一些。我们俩紧紧靠在一起，估量着外面的鬼哭狼嚎究竟要持续到什么时候。又刮来几阵强烈的喷气流。这里究竟发生了什么？我心里想。

到早上7点的时候，风力逐渐减弱下去。风雪仍然在冰川上以骇人的速度扫过。新加坡队的所有人都在脏帐篷里集合。米克和我也抛弃了我的小帐篷，转到更大的公共帐篷里来。我们一共有15个人在这里，包括两个精疲力竭的冰瀑医生。最需要好好睡一觉的他俩此时只能围坐在石头桌子边上。

帐篷里现在的景象仿佛是大浩劫电影里的画面，一罐罐的番茄酱和米袋外都被包裹了一层雪，看起来就像核爆炸留下来的扬尘。

冰雪从每一个孔洞里吹进来，风猛烈地拍打在防水帆布上。

黎明来临，我们开始清点昨晚的损失。就在几天之前，米克和我还非常肯定地以为我们的帐篷相当安全。我们不厌其烦地加固帐篷。事实上，在这里，除了加固帐篷和准备装备，实在没有别的事情可做。我们非常幸运，我们的付出总算有所收获。

新加坡队的营地位于更高的地势，帐篷已经被撕裂开。他们的12顶帐篷现在只有两顶还站着，其余的已经被撕成了碎片。支撑杆和布面被吹得到处都是。博尔纳多存放供给物的帐篷也被扯成碎片瘫在地面。那个蓝色的大帐篷，现在只剩下一堆被弄弯的支撑杆还有碎布。

夏尔巴人都很惊恐，紧张地告诉我们，这至少是最近15年来他们在大本营遭遇过的最可怕的风暴。我们扫视着风暴经过留下来的这片残局，都陷入了沉默。

像其他参战的部队一样，新加坡队现在被命令离开大本营。由于他们的帐篷已经被摧毁，必须等到重新补给物资，这还需要一段时间。他们会回到罗布切等待，同时，他们可以利用这段时间在周围的山谷里进行训练。

我们这里的所有人，在某些方面，我觉得，内心都曾有过分膨胀的雄心。我们期望可以掌控路上发生的一切事情，我们都以为我们的能力和携带的装备足够应付各种情况，我们以为自己万无一失了。但是，灾难总是和那些自以为能掌控一切的人如影随形。面对眼前的山峦，我们的那些小宇宙已经完全被击败了。

当大本营终于又只剩下米克和我的时候，这样的想法再一次占据了我的脑海。我开始以全新的眼光看待这里的山。我感到我们好像到过那里一样。刚才发生的事情不过是给我们的警告。或许，正像那个印度上校说的，我们不应该"爬上珠穆朗玛峰"。

我们还在这里，我们还活着。我几乎不敢朝珠峰峰顶的方向看过去。它看起来实在是太遥远，太有气魄。但是，正如人的天性里总有一点摇曳的光亮在昏暗中闪光。我允许自己偷偷向山顶的方向望了一眼，心里默默地做着美梦。

Bear Grylls

A special trip to climb mount Everest

09 最后的仪式,最初的远行

想想人的光荣大多何处始，何处终；对我来说，拥有这样的朋友是我的光荣。

——叶慈

和尚诵经的声音在冰川上回响。一个大喇嘛每走几步就向空中抛洒面粉和米粒，然后眼见着它们像雨水一般落入冰雪之间。

　　之后，大喇嘛双腿盘坐在大石头上的一块旧坐垫上，身着一件发旧的深红色斗篷一样的衣服，在身上绕了好几圈，脚上的旧皮鞋看上去不知道修补过多少遍。他体格很瘦小看上去却很结实，他的面容干枯褶皱，可以看出他这一生被山风吹打的痕迹。他朝着我和米克非常热情地笑，那笑容就像将一大捆松枝扔进火堆时燃起的火焰，温暖人心。

　　眼前的景象中，唯一可以提示我们活在现代文明的是大喇嘛头顶戴的羊毛帽子。那顶帽子是非常明亮的黄颜色，末端有一个大的毛球。他眼里流露出的骄傲表明他很喜欢自己的帽子。很显然，这位喇嘛身上有这里我们所见到的其他喇嘛所没有的"某样东西"。也许，这也是寺院派他来见我们的原因。他在风雪里走了20多里路来到大本营，为我们主持了"最后的仪式"。

昨天，内尔、杰弗里和亨利一起到达了大本营。亨利已经完全认不出米克，因为米克的胡子在过去三个星期里疯长，我也脏到不行，亨利通过我穿的厨师裤才认出我来。大本营又重新有了生机，大喇嘛的仪式宣告了我们此次攀登正式开始。今天是夏尔巴人的重要日子。

在仪式准备的时候，夏尔巴人用石头建了一个祭坛，在仪式最后喇嘛会在祭坛竖起一面佛教旗帜。但是，当旗帜竖起来的时候，它孤零零地站在那，好像全身赤裸地在大石头上沐浴。风温柔地划过冰面，阳光已经开始变得炙热起来。大喇嘛继续诵念，我们都神圣地围坐在他周围，看着他摇头晃脑时帽子上一动一动的毛球。

这种仪式被称为"普伽"，大喇嘛花了一整天唱诵，并向各位山神供献食物和酒水。对于夏尔巴人而言，仪式是登山中最重要的一部分。他们相信，如果没有山神的保佑，他们不可能在此驰骋。这就是夏尔巴人信仰的力量。另一方面，普伽一结束，夏尔巴人就会获得巨大的勇气。他们现在已经准备好出发了。之后，不管发生什么事情，对他们来说都是命运。

尼玛和帕桑也有他们自己的普伽仪式，只是比这一次的看上去要简单一些。十天之前，他们也完成了自己的仪式。这对他们来说非常关键，尼玛和帕桑比其他夏尔巴人在冰瀑上的工作都开始得更早一些，他们需要些好运气。现在是早上11点，大本营的仪式正热闹地进行。大喇嘛建议我们把冰斧和鞋底钉都拿过来让他祈福保佑。顿时，所有人忙乱地跑回自己的帐篷都把设备翻出来拿给喇嘛。我们把设备放到喇嘛脚边，冰斧和鞋底钉的金属面相互触碰，喇嘛向火堆里投入更多杜松枝，唱诵的声音也更响了。

突然，唱诵的声音停止了，空气里只剩下火堆燃烧的声音。大喇嘛把手臂高举向空中，表示要把普伽的一端引向前方。怀着无尽的庄重，所有人的脸上都呈现出高度专注的表情，夏尔巴人慢慢地将代表祷告者的一端升起来。从端顶开始，四边的祷告旗帜，每一边都有30英尺长，在冰川上铺展开来，然后用大石头固定住。珠穆朗玛的保佑已经开始了。

仪式的节奏顿时完全不一样了。我们每个人都分发了一些面粉和大米，扔到空中进行祷告，接着又分发了一些可以吃喝的食物。绕开层层的包裹，是一只装满了透明液体的旧油罐，真是有点让人毛骨悚然的仪式。

我尝了一小口油罐的液体，忍不住皱皱眉头。那股味道将我带回到在学校树林里喝便宜的伏特加的那些时候，感觉就像在直接喝松节油，我喝完之后就什么都不知道了。我曾经发誓自己这辈子再也不碰那东西，更不可能再那么狂饮。但是，夏尔巴人坚持要我喝，我喝得越多山神会越满意。要是再多喝一点，我就会直接躺倒在地上，之后的探险就能睡过去了。但是，为了让他们高兴，我还是又喝了一口，然后连忙躲开。我敢保证，这比廉价的伏特加更难喝。当然，我告诉自己，喝一点不会有影响的，如果能再往里面加一点橙汁，我就假装是在自家花园里喝冰伏特加混合橙汁口味。

由于身处高海拔，加上下飞机之后就再也没碰过酒，仪式很快演变成一场混乱。夏尔巴人对酒精的耐受度似乎比我还差，很快，大喇嘛的唱诵便淹没在醉汉的逗乐中，喝醉的人撒面粉的动作变得像在婚礼上给新人撒五彩纸屑一样欢快。

整个场面好像孩子们的茶话会，每个人身上都被撒上了食物和饮料，喇嘛也不可避免。我确信寺院要是看到这场景肯定会制止，但是，喇嘛看上去还挺高兴的。如果珠穆朗玛峰的保佑取决于普伽仪式有多热闹嘈杂的话，那我们一点不用担心之后的攀登会难倒我们。

　　这一天很快就过去了，这几周积累下来的紧张感在仪式之后也随之洗去。大喇嘛依旧盘腿坐在那，面带笑容地唱诵，但是，跟着祷告的人群早已跟不上，变成一片敷衍之声。喇嘛伸手抓起装酒的油壶，开始豪饮。他就坐在那里，脸上粘着祈祷用的面粉，整个人焕发出宗教人物特有的光辉。他全身上下看上去唯一正常的就是那顶毛球帽子——甚至那顶帽子看上去都光辉耀眼。

　　夜晚降临，喇嘛终于松开腿离开了，大本营重新被一种静止笼罩。我坐在一块大石头上，扫视白天普伽仪式留下来的残局。地上到处是米粒和饼干，最后一点杜松枝还在灰烬里冒着烟。竖起的旗帜在大本营里高高挂起，被轻风吹起，温柔地舞动，好像一个警觉的卫士。这些旗帜是为了让那些祈祷者带到山上来专门制作的。看着这些旗帜在风中飘扬，我真心希望我们的祈祷会灵验。

　　两天之后我们会再次回到冰瀑。这一次，我们将以一支完整队伍的名义回去——我们的目标是到达一号营地。喇嘛离开后，大本营重归平静，这一切预示着我们下一段冒险的开始。节日的气氛已经结束，从现在开始往后，我们需要面对的事情会越来越严肃。在过去这一年里我们所做出的所有努力，普伽的所有意义——所以对保佑的祈祷到了检验的时刻，一切残酷地摆在我们眼前。经过一整天的唱诵，我开始有些头痛，内尔和杰弗里已经回到了各自的帐篷里，我和米克坐在石头上的时候，我发现自己一直望着冰瀑的方向。冰雪在夜幕的微光中闪着光亮，我的脑袋还有些醉醺醺的。

日记，4月2日：

只有我和米克的最后的平静日子已经结束了。当我俩一起等待其他人的时候，这里非常安静。现在，大家都到齐了，可以明显感受出这些最强的登山者在队伍之间传递的雄心和力量。所有人都在忙忙碌碌地准备装备、讨论计划，这一切都为了一个目标。

在这里再次见到内尔是件令人高兴的事情。还在英国的时候，我们曾经一起花费了很多时间计划讨论，现在看到他整装待发的样子让我安心不少。内尔看上去一如既往的自信、幽默，能量充沛。我觉得在他身边自己总有点跟不上节奏。米克和我已经单独和这儿的夏尔巴人相处了好长一段时间，他们已经不避讳和我们开些过分的玩笑或者进行深入的交谈。现在，这儿有了这么多人，倒是感到有点怪异。我多多少少有些怀念之前那些独处的时光。但是，我们现在在这里，不论看起来有多么不可思议，是上帝的意志指引我们来到这里攀登。这是我们的目标。我希望自己能守住许下的诺言，希望在关键时刻，自己说过的话依然可靠。

现在，每个人心底都涌动着紧张和兴奋，身处其间，你完全感受得到。就像过山车驶出了站台。今晚，我胃里翻腾着一种奇怪的感觉。

其他队伍也陆续到达了大本营。新加坡队又回来了，这一次，他们带来了新的装备。另外，还有三支来自美国的队伍，一支伊朗队伍。这支伊朗队希望成为登顶珠峰的首批伊朗国民。现在大本营里四处散落着更多帐篷，像个小村落了。

亨利队伍中的其他人也陆续到达。包括我们四个在内，亨利的队伍一共是12个人。我们将一起完成大部分的路程，一直到三号营地之后我们分别从不同的路线向上。其中有八个人会继续向北朝南坳前进，其余四个人会向世界第四高峰洛子峰顶前进。

除了我们队里的内尔、米克、杰弗里之外，我还没见过亨利队伍里的其他人。除了亨利，我唯一认识的是一位来自科娜拉多的经验丰富的登山者安迪•拉普卡斯。六个月之前，我们曾一起攀爬阿玛达布拉峰。那次登山中，我对安迪产生了由衷的敬意。安迪又瘦又高，说话声音也轻轻的，但是，他总是面带笑容，并且总是带着幽默感。安迪在上世纪90年代早期就攀登过珠穆朗玛峰，在经过两个月的跋涉之后，他到达了山顶，并且没有携带供氧。

我们两个曾经一起坐在阿玛达布拉峰顶笑谈过去车祸的经历，聊起各自的车被撞的惨痛模样。我们都不理解为何我们的女朋友还敢开着我们的破车到处转悠，然后我们又会大笑起来。我很高兴这次安迪会和我们一起登山，尽管在到达三号营地之后他会去洛子峰。

去爬洛子峰的还有那素。那素是个土耳其人，在此之前，他已经从北面攀爬过珠峰。艾格瓦是个拉脱维亚人，他也曾经从南面攀爬过珠峰。在脏帐篷里，我感觉自己就像个小矮人坐在一群卓越非凡的人之间，能够与这些人共同经历这些实在是一件荣耀至极的事情。我尽量使自己不要表现得畏缩，但是心里还是感到有点自卑。

斯加特是一名来自加拿大的医生，他老早就希望成为洛子峰队伍的一员。他长得特别高，人也很好相处。在前往大本营的路上，他受到一头牦牛的追赶，为了躲避牦牛他不小心崴伤了脚，伤情不轻。尽管他总是拿这件事情开玩笑，暂时留在大本营对他来说是个不小的遗憾。为了此次攀登斯加特已经花费了不少的时间和精力进行训练，更别提经济上的花销，而现在，一切又回到最初的状态。这就是登山。每一个细节都可能造成重要影响。对斯加特而言，运气，这次没有善待他。尽管他并不抱太大希望，他还是决定先让脚踝得到充分的休息，如果允许的话，他会在之后加入攀登。而现在，他只能待在大本营当我们的医生了。我们需要他在此。

同样在珠峰队伍里的还有卡拉，一个试图成为第一个登顶珠峰的墨西哥女士。为了完成这次旅途，卡拉可谓倾其所有，花了三年时间进行筹资。她看上去非常安静友好，但你可以感受到她为了登顶不惜一切代价的坚定决心。

艾伦•西尔瓦是个来自澳大利亚的登山者，也是珠峰队的一名成员。艾伦有着金黄色卷曲的头发，他这一生几乎都在喜马拉雅地区攀爬。艾伦的话很少，对我们也很冷淡。也许，他是看见我穿着厨师裤头戴粗花呢帽子，下巴上还有小束胡子，大概我这形象让他觉得我对于这次攀登的态度并不太认真。或许我的确看上去相当不专业，但是我心里希望爬得更高的愿望是一样的。他越是怀疑，我越是要证明给他看我的决心和可靠。

艾伦的冷淡让我感到不安。在这里，不管做什么事情，我们都需要相互信任，可是，他不愿意给予我回应。如果他希望在给予我们信任之前看到我们先这样做，我们一定会证明我们是值得信赖的。亨利也感到艾伦的冷淡，他一直安慰我。

"我很清楚你的能力，我们曾经一起攀登过。别管艾伦，就按你曾经在阿玛达布拉峰上的方式去做就行了，好吗？"

亨利和内尔对我的信赖非常重要，他们对我的信心从来没有动摇过。在这支队伍里，我是非常年轻的一个。但是，他们愿意信任我，我不会让他们失望的。他们给了我继续下去的理由。

队伍里的另一个队员是一个叫格雷厄姆的英国人。他曾经在几年之前攀登过珠峰，所以，这是他的第二次尝试。他被视为是非常可能成为首个从南北两面攀爬珠峰的英国人。格雷厄姆非常好打交道也很有能力，他绝对是任何一支队伍里的财富。作为一个地道的纽卡斯尔人，格雷厄姆声称他的训练都是"在酒吧里，端起一杯麦芽酒，抽上一支香烟"完成的。但是，他那坚定的眼神和之前辉煌的经历都显露出背后更多的故事。他是个以一抵十的人。我们早就从别人那听说了他的厉害，你也可以从他的笑容看出来。

来自加拿大的迈克是斯加特的朋友。迈克在加拿大是位非常知名的攀岩家。他这一生几乎都是在加拿大的山群里度过。"北面"品牌给予他全面的赞助，迈克几乎武装到了牙齿。用迈克的话说，他的目标是到达"那个最大只的顶上"。迈克是个非常善良让人喜欢的人，尽管他外表看上去非常"户外"，内心还是容易受影响，在大本营的时候，已经看得出他有些顾虑。七周之后，在二号营地，我经历了此生最精神崩溃的一个晚上，和我紧挨在一起的正是迈克。那个晚上，我们之前的所有经历变得无足轻重，除了非常害怕，我们什么也做不了。迈克是个非常善良的人，与他接触了几个小时，我就已经感受到了这一点。

作为整个团队的一部分，我们还有一位联络官，职责是在大本营为我们保持电台的正常工作。她的工作是与我们保持联络并及时给山上发出通知。在来此之前，我们的联络官乔和我已经是朋友了，当我还在英国时，我给她提供了这个工作机会，她欣然接受了。乔在履行完和卡尔顿电视台的制作人合约之后要求加入我们，内尔同意了，于是，她现在和我们在这里。

　　过去，乔习惯和一堆技术设备打交道，但是，在到达大本营之后，内尔交给她的工作把她折腾得像一只在水里扑腾的旱鸭子。周围的人担心她是否能够走到大本营，担心她缺乏运营电台的经验。但是，正如生活中的其他许多事情一样，特别是在这样特殊的环境里，决心胜过一切。乔的亲力亲为打消了那些怀疑者的疑虑。乔做得非常好，并且，当我们从山上下来的时候，看到她灿烂的笑容在迎接我们实在是非常开心的事情。没有人可以比乔更加胜任联络官这项工作。

　　乔将在5月初离开我们，之后，她的工作将由艾德·布兰特接手。

　　现在，所有人都到齐了，大本营一片繁忙。大家都安静地忙活自己的事情——不论是仔细检查工具箱，还是接一盆温水修理胡须。我们都在做着出发前的准备。之后的两个月里，我们将非常密切地生活在一起，也有更多的机会慢慢相互了解。

　　攀登的过程意味着需要一会儿向上行一会儿下行，不断交错。这种前进方式有助于我们身体逐渐适应当地气候情况，这样在返回大本营之前不致产生不适应反应。进行高山攀爬就是这样。你先到达一个你的身体可以承受的海拔高度，然后下来休息一段，然后再往上走一点适应更高位置，再往下来一点。整个过程中，你需要不断地与疾病的危险、高海拔反应、雪崩，还有恶劣的天气状况做斗争。许多因素都会对成功与否造成影响，运气绝对是其中之一。每天，我都在为此祈祷，祈祷上帝带给我好运气。

人们说，如果你能成功攀登珠峰，事实上在你上上下下的过程中，你已经来回攀登了它五次。这就像一个真人版的蛇梯游戏里面的规则，当你爬得越高，你摔得越惨。

我们人体可以适应的高度大概在三号营地的位置，约是海拔24,500英尺。在这之上，是被称为死亡区的地方。正常情况下，人体在此区域不能维持太长时间，会有生命危险。由于缺氧，人体会迅速衰弱下去，之后将无法进食。我们清楚，从那个点再往上，即使身体允许我们到达更高点，时间也非常有限，随时都可能出现险情。为了使自己尽快适应三号营地的气候，我们希望能赶在4月的最后几天到达三号营地。

气候还是我们的头号敌人。越往上走，强烈的射流带来的劲风几乎让山体不可能攀登，毫无夸张地说，风力的强度完全可以把脸打肿。不过，每隔一年，总会有那么些天，山上的风会减轻一点。

温暖潮湿的季候风在穿越了孟加拉湾之后继续北行。当到达喜马拉雅山脉之后，这股风被迫上行，这股暖空气在射流中形成了一小股膨胀的势力将风向上推了好几千英尺。在大本营躺在帐篷里的时候，你就能听见射流发出的低沉的隆隆声在头顶天空上作响，听起来好像与珠峰峰顶相连一样。这阵隆隆声一直持续，成为阻碍登山者继续向上的一道屏障。当季候风过去，有那么些天风会向上抬，这个时候是登山最好的季节。不过，这样的好天气会持续多久，对每一个登山者而言，都是一次豪赌。

这种间歇可能只有几天，可能是两天，也可能是三天。如果你恰好没有处在合适高度，一切都将是徒劳无益的。在经历一阵平静之后，风被抬起，紧接着就是风暴来袭。山体立刻被季候风带来的风雪包围。

高海拔攀登既讲究艺术，也讲究科学。如果一切顺利，我们预计能在五月初到山顶。前方的一切还是未知数。如果还有一件事情是我们可以确定的，那就是，山峰永远不会按我们所希望的方式对待我们。当然，我们也从来不奢望这一点。

一大群记者和赞助商跟着内尔来到尼泊尔报道我们这次出征的启动仪式。他们中的很多人都一直跟到了大本营，只是，还是有一小部分由于生病和不适应高海拔环境不得不撤退。那些到达大本营的人，都带着大包小包的行李，脸都绿了，表情看上去挺吓人的。他们都尽量让自己看起来不那么疲惫，毕竟才刚刚到大本营而已！我试着安慰他们，疲惫的神情没有什么不优雅的，我们第一次到达这里的时候，样子活像两匹走几步就要倒地身亡的老马。我不知道说这些对他们究竟有多大帮助，不过……见到他们还是很开心。

帕里克是来自伦敦的一家金融杂志的记者，他来这里是为了了解队伍里的每一个人的故事。但是，我还是忍不住感到，如果他真心要挖掘一个大的金融故事的话，恐怕是来错地方了。帕里克还记得当我们在伦敦参加赞助商为我们举行的践行派对上，我曾经表达过很遗憾的是在未来的三个月时间里将没有机会抽烟了。我笑了笑，喝完一杯茶之后，帕里克拿出一包香烟递给我，一边说，他觉得这个在我们登山回来之后会用得上。他完全正确，我赶紧拿过来把香烟放在脏帐篷的石台上，还有其他一些"邪恶"的东西，这些物品就好像是我们在穿过一条长长的珠峰隧道时能看到的出口处的光亮。

在经历了漫长的几个月之后，我们曾呆呆地坐在帐篷里好几个小时，痴迷地看着石台上的这些东西流口水：一大瓶酩悦香槟，一盒比利时巧克力糖，还有这盒邪恶的Benson & Hedges香烟。希望这些可以让我们保持高昂的士气，我心里想着。

另外一个记者的问题还是围绕着我的年龄，以及这么年轻要挑战如此的高度所面临的种种不利情况。同样，对此我没有标准答案。这个记者又一次提起这个问题让我感到心烦意乱。如果是在伦敦，他这么问没什么问题，但是在这里，我不想说这个话题。一切太近了。我只能跟他说，时间会说明一切。

这些天里，大本营有了这群记者们和赞助商也的确是一件放松的事情。我和他们中间的许多人已经成为了好朋友，迎接他们的到来也减轻了部分开始产生的紧张感。但是，他们很快就要离开了。大本营才住满人没两天，又只剩下登山队了。这里还是一如既往的忙碌，只是，你可以感受到，周围变得更加安静。注意力又重新回到山上。

那些记者们还在的时候，他们看到眼前的冰瀑都感到惊恐不已，还被我们嘲笑了一番。现在，他们都走了，眼前200米开外掩映在一片迷雾之中的冰瀑，看上去有些不太一样。它显露出凶险的本来面目。我继续忙着为出发前做最后的准备，试图让自己不去想这些。

我随处走走，想找玻利维亚人博尔纳多聊聊天。我穿上自己的月球靴，小心地跨过冰面和岩石，朝博尔纳多的帐篷方向走去。他正坐在一块大石头上和一个人聊着——他俩都面朝着冰瀑的方向。

"Hola Oso(你好，贝尔)！"博尔纳多朝我致意，"过来一起喝杯茶，来见见我的朋友伊纳里。"

伊纳里是一名来自西班牙巴斯克的登山者，他这次准备攀登洛子峰。伊纳里透过他的太阳镜朝我笑笑。他说的西班牙语要比博尔纳多清楚的南美口音难懂一些，但是多多少少还是可以听得懂。

"两个？还有一个，伊纳里。对不起，你刚才说什么？"我问，交谈中我一直在道歉。

伊纳里是一个非常友好且经验丰富的登山者，他刚刚与他漂亮的西班牙妻子举办完婚礼。现在，他已经开始想念她了。你很难不喜欢伊纳里。那天，他跟我和米克说起许多年前他尝试攀登珠峰的情况。我们全神贯注地听他讲。

"在山下的时候我感觉自己还非常有力量，也非常激动。六个星期的时间里，我背着装备到一号营地，二号营地，然后又两次到三号营地，我已经非常适应高海拔环境。我所需要的就是好天气。十天之后，我们得知天气将转好，利于攀登，过了三天，我就到了四号营地。

"在死亡地带的那个高度上，非常寒冷，真的是刺骨的寒冷。我在夜晚的时候开始通往顶峰的长达16个小时的攀登，上升高度有3000英尺，我发现自己很难透过护目镜看清前面的路。那个时候，天非常黑，又没有月光，我的头灯也变得越来越暗淡。风停了一阵，于是我把护目镜给摘了下来。你知道，在那种缺氧的环境里待时间长了，人的脑子很容易变麻木，理智有时候也难以控制你的行为。在那种气温下，你是绝对不应该把护目镜给摘下来的。

"当我走到南部顶端时，距离峰顶只有两个小时的路程，但是我什么也看不见。眼睛已经和眼睑冻在一起，我当时几乎失明。要不是我的队友，我几乎不可能安全下山。一直过了四天，我的视力才渐渐恢复。

"上面真的很危险,伙计们。千万不要摘下你们的护目镜,答应我?哈,你们会没事的。再来点茶吗?"

我一直铭记着登山的黄金准则,不过,我还是再次提醒自己。米克不太放松地看着我,笑了笑。我不想一直坐在这儿没完没了地讨论——我想去做点什么。

查尔斯是个美国来的登山者,他已经尝试攀登珠峰四次了,他也过来加入了我们。查尔斯本是个英国人,不过现在他一直在美国定居。他看上去非常精致舒服,他的加入,让大本营的生活似乎都变成了一门艺术。我都有些嫉妒他拥有的各种小玩意。他有一个迷你簸箕,每天都会用这个小簸箕把吹入他帐篷里的灰尘和石子清扫出去。我也该准备那样一个东西,我心里想着。反观我的帐篷,简直就像躺在伯恩茅斯的沙滩上,到处是灰和沙。

查尔斯也是一个非常友好的人,不断地提醒我们各种存在的危险,还有失败的可能性,但是,这些对我逐渐暗淡的自信都毫无帮助。

"如果你没准备再一次地回来这里,你甚至都别动爬这座山的念头。第一次就成功登顶的事情几乎没听说过。我的意思是,我已经来这儿四次了,埃德蒙·希拉里,我想,他也是在1953年第三次尝试时才登顶的。"

我没有那么多资源允许我来这尝试三次或者四次。对我来说,要么是现在实现,要么永无机会。如果大山真的不给我这个机会,各方面条件和天气都达不到,那么就这样吧。但是,如果它给我这个机会,我发誓,我一定会到那里。这样想,我内心一团沸腾。内尔和我的感觉是一样的。当我把查尔斯的话告诉内尔的时候,他的眼神闪烁了一下。

"别听信他的那些话,好吗,贝尔?那不过是些随口说说的话而已。"内尔坚持道。

在经历了1996年的那次尝试之后,内尔再一次有勇气回到这里,再次尝试,不过,这一回,他公开表示这一次尝试要么登顶要么永不再来。他再也不要被这座山吓倒。从脸上你就能看出决心有多么坚定,这个人就是内尔。尽管我们俩的脾气个性表面上非常不同,但是我们两个内心都藏着同样的秘密。我相当理解他。

明天清晨5点,我们将会作为一支队伍来到冰瀑脚下。我们需要好好睡一觉,于是我们四个人早早地离开了脏帐篷。

日记,4月6日:

明天我们是作为一支团队第一次开始攀登的日子。我们四个将和安迪、艾格瓦、那素一起出发。他们三个都有攀登过珠峰的经验。和他们在一起,我有必须要好好表现的压力,不能拖后腿,这让我有些紧张。这些人在他们各自国家里都是顶级的登山选手,也都是位列世界顶级登山团队的人选。我感觉自己就像是个七年级的小学生,因为受流感影响而不得不和一帮13岁的孩子比赛。

我想我需要先忘记他们曾经都做过什么,把精力都集中到目前我所做的事情上。自上次在冰瀑意外跌落后,这也是我首次回到这里,我很难向别人倾诉其实我很害怕那片冰瀑。幸运的是,乔非常好,我们一起坐在我的帐篷里聊到这个话题。我可以把这些心里话告诉她,而不会感觉自己太弱了。

乔刚刚回自己的帐篷去了,她留给我一张小条,告诉我一切都不会有问题的。我希望她是对的。她还留给了我一本拜伦的《唐璜》，非常小巧的开本，这样我可以带在路上读。她真是非常好心。如果我失眠的话，我可以把自己给读睡着了。

我还想再聊一会儿再睡，不过我想她可能已经睡着了，不管怎么说，我现在需要好好休息，明天一定要精力充沛才行。

亨利想办法给我们弄到了一部卫星电话，我们原来的那个已经在路上被熔化了。有人在纳木切巴扎上给那部电话充电，那个巴扎当时都被炸得像放烟火。而那部电话只剩下一团乱糟糟的引线了。不管怎么说，这算得上是最贵的一次烟火表演了吧。

今天每个人都往家里打了电话。但是，我不是那么愿意，我不知道和家人通话对我究竟有多少帮助。一想到他们，我的心情就开始翻腾不止，我只求安全到达一号营地，然后再给他们报平安。我希望我不会为自己的这个决定后悔。

像平常一样，我祈求主的保佑。晚安，晚安。

天还未破晓，我们已经攀爬了好几个小时，肾上腺素一直在我们体内往上涌。这是我们第一次作为一个完整的团队来到冰瀑，我们之间的协调配合让我感觉自己更加强大了。我们穿越冰雪丛林，我可以感受到自己的专注，还有黎明时的微寒，我喜欢这种感觉。月光反射在冰面上，呈现出奇怪的倒影。在这片稀薄的空气中，我们的肺不停地上下起伏，似乎我和米克提前来这里适应环境并没有多大成效。

从一根绳子上解下，又套到另一根绳上，扣牢岩钉钢环，然后继续向前。这些动作已经是家常便饭。我们经过了米克和我被迫返回的那个地点。尼玛和帕桑找到了另外一条可以穿过这片破碎冰层的路。现在已经是上午7点半，很快，太阳会变得强烈起来。我以为我看到了通往一号营地的冰瀑边缘，但是我并不确定，可能那是其他什么地方吧。

在冰瀑上这数小时里的漫长、缓慢和担心，被到达一号营地的希望冲淡了一点。在冰瀑的边缘，又有厚冰块开始逐渐脱落眼看着要掉入下面的冰河中，我们还很安全。在那里，我们将可以第一次看到西谷冰川。我很期待看到那片被隐藏住的冰谷，然后安全地通过冰瀑。我告诉自己，不会等太久的。

现在，我们处于一号营地下方100英尺的地方，线路上的冰层有些支离破碎。昨天夜里，地面已经开了口子，一部分绳子被吞没进裂口中。剩下的部分看起来像悬在峡谷空中的细线，然后消失在下面的黑暗里。我们没有办法通过这些裂缝，必须重新找到一条新的路线，但是，这样会消耗更多时间，而我们在冰瀑上这样的高度，没有这么多珍贵的时间可以让我们浪费。如果我们不能尽快到达相对安全的一号营地，就必须重新再走一遍。在阳光的强烈照射下，冰瀑上无处可藏。我们之前已经有了这方面的经验。

我们必须尽快做出决定。大家都蹲下来，考虑可能的办法。拿三个梯子搭一座桥跨过裂隙看起来是唯一可行的办法。寻找新路线绕过裂隙总是会遇到更多阻碍，并且会不可避免地在冰瀑上花上更多的时间。大家同意了建桥的方案，但是今天气温高，不能这种情况下建。因而，非常令人沮丧地是，我们不得不返回至大本营。

回来的这一路非常辛苦，因为连续的攀爬，我们都要走不动了。我们把最后的力气都用在到达冰瀑边缘的路上，满怀信心地以为可以在一号营地过一夜适应当地环境。可是现在，我们的肺经受了超负荷的工作，在太阳底下炙烤了好几个小时，又被迫返回到大本营，我们实在需要坐下来休息一下了。

米克在后面走得比较慢，抓着绳子脚步晃晃悠悠。他没看我们，也不说话。

"快点，米克，冰瀑现在越来越危险了，我们必须得快点离开。记住，'让恐惧当你的向导。'"安迪朝他喊道。这些话在之后的旅程中成为了我们的口号："让恐惧当你的向导。"

米克顺着梯子往下走，脚步有些不稳。高海拔引起的疲惫会使人动作不稳。当体力被大量消耗时，意识的控制力在下降，如果不更加小心，是非常危险的。不想拴绳子的诱惑是很强的，以为有手套可以保护，直接偷懒从梯子上通过。我努力在抵抗这种诱惑，毕竟绳子上一回救了我的命。可是，我的大脑仍然感到疲惫，匆忙战胜了安全。这正是事故高发的时候。我们都知道这些老生常谈，但还是会忽视。在这种时候，大本营的诱惑力简直难以描述。

在接下来的几天时间里，我们一直在大本营进行休整恢复，杰弗里好像生病了。他的脸色变得很不好看，也听不到他的说笑。吃饭的时候，他只喝了一点面条汤就再也什么都没吃，我们知道有什么事情不妙了。杰弗里很少从帐篷里出来，每天他只出来吃一顿饭就又回他的帐篷里去了。他变得越来越虚弱，可是，他还是强忍着不表现出来。到第三天的时候，他的情况很明显不是简单的食物中毒，他病得不轻。

我们的队医斯加特很快诊断出来，是犬贾第虫病毒。犬贾第虫病毒通常由粪便中携带的病菌传播，这种亚洲疾病除了最强剂量的抗生素有效以外，其他方式很难奏效。这种病毒可以导致强烈的呕吐、腹泻、发热和脱水症状。犬贾第虫病毒是可以治疗的，但是会致使人体非常虚弱，更可怕的是，这种病菌可以传染。

在高山保持体质健康相当重要。当到达大本营及以上的高度，意味着人体已经相当虚弱，抵抗能力远不如在正常高度的情况下。因此，在这种高度上患犬贾第虫病毒无疑是雪上加霜。杰弗里服了些药物，然后不得不返回到17,450英尺高的地方进行疗养。

4月初的那几个星期，天气状况相当适合攀登。如果要想到达顶峰的话，我们必须尽快到达三号营地。因此，我们必须继续原计划，无法等到杰弗里完全康复的时候。每个人都很清楚现在情况，但是，换作任何一个人遇上这样的事情，感情上总是不好受的。杰弗里从来不是犹犹豫豫的人，他依然保持着自己的绅士风度，鼓励我们继续加油。我们真的别无选择。

下一次穿越冰瀑的旅程，我们将是一支不完整的队伍。早一点出发可以让我们再一次在途中遇到大的突发状况时可以有相对充足的时间应对，不过，这一次事情还挺顺利。因为已经有其他几支队伍过去了，在冰瀑边缘的梯桥已经搭好。当我们三个人走完通往一号营地的梯桥的最后一级阶梯，我们的兴奋感顿时爆棚。为了走到这里，我们已经等待了太长时间，我们从来没有像现在这么想快点走出冰瀑。

内尔先于我们走上梯桥，梯子在他脚下发出清脆的响声。内尔每走一步，梯桥都会摇晃一下。我跟在内尔后面，走到中间段的时候，梯子有些下沉，我看到了脚下正好是连接梯子的绳子的打结处。希望这块地方没有被太多鞋底钉踏过，我心里想，然后尽量不往下看。

不过一会儿,我们三个都采取下蹲的姿势,走上一片壁架,头顶上是一条20多英尺长的冰顶,一直通向一号营地,现在,我们距离一号营地只差扔块石头的距离了。我们大口地喘着粗气,花了两分钟才缓过气来。然后,我们都异常兴奋地相互瞧了瞧,我们知道,只要走过一片壁架,前方将打开一个全新的世界。我们将第一次有机会看到西谷,这片在大本营无法目及的地方,只有在走过冰瀑之后才可以看见。我太期待亲眼看看那些曾经只在照片里看见的景象。现在,这些景色距离我只有几英尺之遥。内尔迅速地通过了冰瀑边缘,他走过的地方,剩下一阵持久的寂静。内尔凝望着那片记载了他沉痛记忆的地方。两年了,他又回来了。

接着我通过壁架,我发现自己还没开始走就已经喘个不停。我很紧张自己万一不能爬上边缘怎么办。我将鞋底钉踩进冰层里,使身体倾向冰墙的一面,依然不停地喘着粗气。冰贴在我脸上,好冷。我往下看到了两脚之间的冰裂隙。

往上看,快点,一定不要往下看,我在心里告诉自己。

我挥动冰斧刺进更高的地方,往上走两步稍事休息,挂上身上的上升器。上升器的齿轮已经牢牢地抓住了绳子,我现在应该比较安全。我慢慢地在墙上爬。再一次挥动冰斧,又往上前进了几步,过了一会儿,我已经躺在顶端的雪面上。我蹲坐在冰瀑的边缘,把身上的上升器从绳子上取下来,才稍微缓过来一口气。我再也看不到还在下面的米克,我晃动了一下绳子,通知他可以开始了。米克挂上绳索,开始往上升。

我慢慢地转过身。眼前这片无比广阔的陆地深深地把我震住了。这里的岩石、冰块都有上千英尺高,东面的山谷在银白色的雾霭中若隐若现。在我们身下很远的地方,可以看到一些极小的橘黄色小点，那是五个小时之前我们出发的地方。从这个角度看大本营，就好像在看上个世纪以前的记忆。内尔微笑着看着我。

"还行吧，嗯？"他问。

"这就是为什么我们来这里的原因，内尔。这就是为什么！"我慢慢地回答他。

当米克安全地翻越壁架来到我们身边时，太阳正在升起。米克抓住我们的手，我们将他猛地拉了上来。米克抖了抖冲锋衣上的雪，取下身上的绳子，跪下来靠在他的冰斧上，面带惊异地眺望眼前的一切。

我们小心翼翼地走在平坦的冰面上，那种感觉就像希拉里曾经说过的，"就像被一群巨人包围的蚂蚁"。除了往西谷方向吹的轻风，我们所在这片平原地带非常平静。我永远不可能想象到这里会如此美丽。我们已经到达一号营地了。现在是4月10日早上8点半。

Bear Grylls

A special trip to climb mount Everest

10　雪山上的复活节

真正的绅士从不满足于练习。

——奥斯卡·王尔德

"喜马拉雅酒店"是给我们住的帐篷起的名字,尽管这和实情一点也不相符。听到这个名字,我总是把它和那些豪华宽敞的套间、舒服的卫生间,还有软软的浴巾联系在一起。但是,我的这些的臆想显然都是错的。所谓的"喜马拉雅酒店"只是一个四英尺乘五英尺的空间,跪着都很难直立上半身,里面还住着四个毛发丛生、疲惫不堪,还心情不佳的大男人。一号营地……可不太一样。

内尔、米克、安迪,还有我把我们所有的装备都堆起来,试图腾出一些空间好有地方休息。这可不是那么容易的事情。我们把背包放在身后当靠垫,然后又把高海拔雪地靴当脚枕,就这样,我们试着休息休息。

"贝尔,还有米克,你们俩快别哼唱凯特·斯蒂文斯了,去把这个袋子装些冰来,我们需要补充些水分,否则很快我们都会脱水。"内尔严厉地说。

他说得对,我们已经开始感到头疼。这是伴随你往高处攀登一路上要经受的问题,这是你体内缺氧最初的症状,几乎没有什么方法可以避免。我们四个大男人挤在一个小小的帐篷里,不断重复呼吸帐篷里不新鲜的空气。为了防止外面的风灌进来,帐篷拉链被牢牢关上,但是这对缓解我们的头痛一点帮助也没有。

现在,如果跑到帐篷外面猛呼吸几口新鲜空气绝对是一种享受。帐篷里的臭气已经开始腐烂了。在白天,有阳光的照耀,还可以自由地进出,但是,当夜幕降临之后,外面的寒冷让走出帐篷呼吸新鲜空气也变成一种奢侈——你必须学会忍受。

米克和我挣扎着穿上靴子。靴子里的汗水和水汽现在已经干了,靴子里冒着热气。我们跪着挪到帐篷门边,拉开拉链爬到外面。太阳的强光立刻刺射到我眼睛,我赶紧戴上眼镜。如果不小心的话,阳光反射到冰面的光线可以在数分钟内致使雪盲。我们俩各自抓起一把冰斧开始凿平原边一角的一块蓝冰。

我们把冰装满袋子,就拽着袋子往回走,这段十丈远的旅程我们只休息了一次。尽管如此,在这样的高海拔地方,一点点小的力气活也会让你筋疲力尽。回到帐篷之后,我们就迫不及待地把冰块拿出来放到小火炉上融化等水喝。

"谁知道他们打算把这袋放哪里,"米克笑着,"帐篷里连让小猫游泳的空间都没有。"

我们又呼吸了几口新鲜空气,然后就钻回了帐篷里。帐篷里已经挂起了几根晾衣绳,上面挂着晾晒的袜子。我小心翼翼地穿过帐篷里堆放的东西,回到我在安迪和内尔之间的那一小片领地上。

在太阳的炙烤下,帐篷里的温度已经很高。米克拿出他的智能手表观测帐篷内温度，每过一段时间，米克就拿出手表紧张地宣布一下温度又往上升了一点。

"这实在是太荒谬了！"米克诅咒着，"我以为珠峰只是寒冷而已。如果我想被闷热死，我还不如去马略卡呢。把帘子拉开一点吧，内尔，让风进来一点。"

为了凉快一点，我们都脱到只剩下内裤，某些时刻甚至穿得更少。但是，这样并没有太大效果。我们几个人四仰八叉地坐在帐篷里，一副新石器时代的装扮，那场面足够引起邪恶的联想。我们把冲锋衣和保暖衣垫在身后，但是很快，背上的汗水就和衣服黏在一起，非常不舒服。

内尔待的位置是帐篷里最难受的了。内尔总是要看着那个小瓦斯炉，保证炉子上大块的冰能保持平衡。他坐的那一小块地方经常会有一摊水沾湿他的坐垫。然后内尔又会手忙脚乱重新安置他的睡袋床，这会给沉闷的帐篷带来一点欢乐笑料。

我们花了两个多小时才准备好了一锅牛尾汤，喝下之后，心里稍微感觉平静一些。好景不长，这种美妙的气氛很快就被在一旁对着尿瓶撒尿的米克发出的嘶嘶声给打破了。如果尿液颜色很干净的话，你就会听到他发出一声满意的感叹，表示补水效果不错；如果是深棕色的话，米克就会咒骂几句，然后往锅里扔几块冰。在这样的海拔高度融化冰块要花费的时间几乎是在海平面的两倍，在气温相对比较低的情况下，再化水需要花费更长的时间。我突然开始无由来地笑出声来，晃了晃脑袋。尽管我也不知道自己为什么笑了，我们在这种一毛不拔的地方过的是什么生活啊，接着每个人都笑了起来。这里的气氛有点儿超现实的感觉。置身在这片卓越非凡的土地上，在这个我从来不敢想象的地方，我竟然感到快乐。虽然我被夹在内尔毛茸茸的胳肢窝和米克的大脚之间，虽然我们和凶险的冰瀑边缘相隔只有两米，可是，这一切又奇怪地合理自然。

在一号营地的那个晚上，比其他任何时候都冷。短短几分钟的时间里，太阳的余温就被刺骨的寒冷一扫而空，黑暗笼罩了整个西谷。我们拉上帐篷拉链，各自钻进了睡袋里。米克的气温表显示，温度已经从31摄氏度骤降到零下25摄氏度。我挺担心米克的气温表会不会因为这奇怪的变化搞晕了头而爆掉。

我们四个人蜷缩着，紧紧地靠在一起，相互取暖，希望尽快入眠。我知道自己还处于缺水的状态，因为我的尿液颜色还是棕色的。而且，我现在还有头痛，对此我却无计可施。整整一天，我不停地在喝水，但是喝得还不够。那天晚上，我又失眠了。挤在背包和几个大男人之间，我甚至都转不过身来。我在心里默默诅咒自己该死的头疼，然后把自己深藏在睡袋里。

第二天清晨9点，我们从冰瀑底端的最后一根绳子上解下来，然后坐在大本营，贪婪地呼吸这里含氧量更高的空气，试图在回到帐篷之前的最后五分钟前使体能尽可能恢复。我们早上5点半就离开了一号营地，尽快通过了冰瀑。还记得几天之前，美国队的查尔斯曾经跟我们说过"你经过冰瀑的次数越多，你在一个错误的时间来到一个错误的地方的几率就更大"。在我们返程的路上，他这番吓唬人的话一直在我脑海里转。我发誓，自己再也不想听到大本营里任何类似的"恐吓的话"，这些话实在是毫无益处。

不过，有趣的是，除了我之外，对冰瀑的不可预测性和危险感到最不安的人竟然是博尔纳多。他会一边跺脚一边数手指头，好像在计算一块有泰姬陵那么大的冰块砸到他身上的几率有多大。这时，任何一个在他身边的人都会马上安慰他，然后，博尔纳多脸上又展现出他惯常的笑容。我们所有人都非常喜欢博尔纳多。

那天早晨，当我们在冰川上漫步时，看到穿着连帽衣站在帐篷外的乔，她快乐的脸蛋正对着我们。我们放下背包（因为把一些装备留在了一号营地，现在背包已经轻了许多），然后接过面带笑容的夏尔巴厨师递过来的热柠檬水。

大本营看起来不再像一周前我记忆里的那个不太友好的地方。我把自己的装备拿到外面太阳下晒晒，然后躺到我的帐篷里听着吉卜赛国王的卡带，这里倒是充满了"家"的感觉。我现在感觉好多了，不仅是因为这里的条件比一号营地好太多了，我还注意到明天是我一年之中最喜欢的一天——复活星期天，4月12日。

"乔，听着，明天是复活星期天，我想我们可以做一场服侍。我们可以用我的西班牙语版的《新约》为博尔纳多和伊纳里做一次分享，然后或许你可以来个独唱，你觉得唱《天赐恩宠》怎么样？"

"不要，贝尔，我……"乔要拒绝我。

"很好，非常感谢，乔。我这就去把歌词写给你，E调，可以的吧？太棒了。"

乔大笑出来，她知道自己这回可躲不掉了。并且，如果有一个这么可爱的姑娘来给大家唱歌，肯定会有更多人来参加的，我们必须尽可能的使更多人支持我们的活动。格雷厄姆已经在抱怨"该死的宗教服侍"了。

内尔和米克加入了我们，他们去给其他队伍通知了这个消息。许多人以为我们是在开玩笑，但是，我们四个很坚定地要完成这个事情——要么成要么败。

复活星期天的早上，来脏帐篷参加我们活动的人数超出了我们的预料，帐篷里显得很拥挤。我比往常更加开心，我决定过一会儿给家里打个电话，向他们问候复活节快乐。我已经有好一段时间没给家里打电话了，我很想知道千里之外的家里人还有家里的动物们都过得怎么样了。每个复活节总能撩拨起我对家的思念。

内尔重重地击了击掌，帐篷顿时安静了下来。

"现在交给贝尔修士。"他朝我笑着介绍道，然后退到一边。

我们一起祷告，祈祷山的保佑。然后，我用结结巴巴的西班牙语念了一段约翰福音中的经文。接着，乔唱起了《天赐恩宠》，她唱得非常动听，尽管歌词听起来有点混乱。博尔纳多笑得比平常任何时候都开心。

整场的高潮被放在最后。当我拿出那瓶格兰菲迪士威士忌，我看到亨利的眼睛顿时亮了，仿佛在说，"现在是该疯狂的时候了。"我们整个队伍一直严格遵循的一条原则是，除非是因为医疗或者宗教原因以外，我们绝不能喝酒，今天，因为是宗教原因，我们可以开戒一次了。

在海拔17,450英尺高的冰原上进行圣餐仪式是一件特别神奇的事情。复活蛋和装着格兰菲迪士威士忌的酒杯在人群里转了不是一圈，也不是两圈，而是转了三圈才最终回到我手里。博尔纳多说，他以为那天肯定是复活节加上圣诞节，因为他没忍住喝了不少酒。那天早上服侍结束后，帐篷里弥漫着一片欢笑。虽然和高教会派比起来还差一点点，不过，如果条件达到的话，一定会有过之而无不及。

我走到帐篷外面，坐到一块石头上，双脚滑动着地面的冰雪，一边拿出刚才乔演唱的《天赐恩宠》的歌词又读了一遍。这些话说得真的很好。

经历千辛万苦，
恩宠赐我平安，
恩宠带我回乡。

可是，我还是没能给家里打电话，因为丹麦来的登山者迈克拒绝再借给我们他的通讯电话。大本营里登山者之间的矛盾开始有些显露，迈克因为我们浪费他的卫星电话电池的事情而对我们大动肝火。这看起来有点荒谬，因为迈克抱怨这里的每一个人乱动他的东西。我们不过是恰好碰到枪口上了。加上这些天登山的压力，他看起来很疲惫。没有人太在意他的话，谁没有偶尔需要发泄的时候呢，没人把这事情往心里去。

第二天，我们要再次去到一号营地，再从那里走到二号营地。在休整的这些天里，大部分的时间我们都是在睡觉，或者说只是躺着，在帐篷里打盹。这个时候，我会拿出莎拉和我家人写给我的信件一读再读，一点儿也不觉得厌烦。

在黎明之前，冒着严寒离开大本营总是一件非常烦心的事情。闹钟准时响了，不过，我可一点也不需要它把我叫醒，因为我早就已经醒了。帐篷里结的冰霜掉落到我身上，我挣扎了无数次穿上我的靴子。它们在冰瀑上已经留下了疤痕，看上去很受伤。这些非常昂贵用于在严酷的高海拔地区使用的靴子理论上寿命是相当长的，但是，根据这里的登山人员的经验，这种靴子的寿命不会超过一个季度。我现在开始明白他们为什么这么说了。

整个晚上，我都可以听到内尔在咳嗽。这是由于高海拔干燥的气候引起的，夏尔巴人把这种状况称为"昆布咳"。内尔的身体反应在我们几个中间是最厉害的，这不禁让我有些担心。他非常清楚自己的体能已经很受影响，但是，每次我们和他提起这件事，他总是耸耸肩，做出轻松的表情。我知道，他在偷偷地服用红霉素，一种抗生素药物，他却拒绝承认。他感觉这是自己的问题。我们很清楚内尔的个性，也都不再当面和他提起这些，随他去吧。可是，他还是咳得很厉害，一直没有断过。

我们大家都来到脏帐篷里，我逼自己喝下一些粥，却很难下咽。没办法，我只好吃了一点巧克力棒代替。那时候是早上5点半。

在冰瀑脚下，我们遇见了伊朗队。穿鞋底钉的空当，我们分享了一些煮好的甜食。伊朗队看起来都精神抖擞，他们先于我们走进冰瀑，我们很快跟上，比他们前进的速度稍微快一点。当我们向冰瀑更高更深处前进，那些突出的极其脆弱的冰墙随处可见。由于原有的路线有大片的破碎，我们只能改变路线。头顶上大型的冰块就像串在线上一样悬在我们头顶。当我们走到一个冰块的阴影下时，伊朗队突然开始大声有节奏地吟诵。

在这里，不可高声讲话的铁律突然被打破了。一直以来，我们四个人只敢用手势或者小声交流。我们吃惊地站在那里看着这些人狂热的祷告声音越来越响。

在这种环境里，喧闹可能会带来致命的危险。我们不知道究竟应该朝他们喊叫让他们安静下来，还是保持沉默不要再把噪声扩大了。我当时既感到很恼怒，又特别想笑。在这样的地方，听着那些伊朗人的唱诵声，冰墙巨大的阴影笼罩在我们头顶，这景象实在是太不可思议，太超现实主义了。他们在冰瀑里选了一个最不合适的地方作为唱诵的起点。

我们有种马上超越这些伊朗人的冲动。二话不说，我们便走到了他们前面，解下绳子，然后套上下一根。我们可不打算在此处久留。当我们走到一块相对安全的壁架上，我们一屁股坐了下来，使刚才的高度紧张放松下来。当那些伊朗人快接近我们的时候，我们还在笑话刚才的情景。至少，这片壁架还是相对比较安全的。

当伊朗队走到我们附近时，他们没有停留而是迅速超越了我们。虽然我们想走在他们前面，他们并没有给我们这个机会。

"这里危险。"他们说着这话经过了我们。

"是的，我知道，"我们回答，"冰瀑是有致命危险的。"

"我们不是说整个地方，"他们回应到，"我是说，你现在坐着的地方非常危险。看着，下面的冰有很大的裂口。"

我们四处看看，突然发现了他们说的裂口。我们原以为非常安全的壁架原来是一个檐口，一条细细的裂缝穿过了这个檐口中央。回头看看我们刚才坐过的地方，实在不太明白那块冰怎么就破裂了，看上去随时都可能掉下去。这次我们很幸运地受到了伊朗队的帮助。就像有句话说的，"笑到最后的人才笑得最好。"这一次，他们赢了。我们大家一起坐着休息了好几分钟。从那之后，我们很乐意地让他们走在了前面。不过，在我们的强烈要求下，他们没有再在冰瀑上唱诵。

内尔的咳嗽声已经变成我这一路上耳边的噪音。每过五秒钟，他就会有一次很响的干咳。他现在在我们面前毫不避讳地抱怨自己的咳嗽。因为咳嗽，内尔的速度已经明显慢下来，欣慰的是伊朗队一直保持着较慢的节奏,这样对内尔有所帮助。咳嗽让内尔变得更加虚弱。

我们的队伍规模较小,这样队伍里的每一个人都能对其他队友有更多了解,并能够及时提供帮助。过去,内尔帮助过我许多回,现在该轮到我给他伸出援手了。我们不断鼓励他,并且比平常在路上休息的次数和时间更多。老实说,我们都想尽快走出这里,在冰瀑里花的时间实在是太长了点。安迪会说,"我们得尽快离开这里,每一步都是一次赌博。"我们最终在早上9点才走出这片冰瀑。

在我们快要走出冰瀑的最后两个小时里,有一次内尔有些怀疑自己是否可以继续跟我们走下去,因为他身体实在太虚弱了。可以看到,即使是最强壮的人也难以对抗山峰的脾气。攀登珠穆朗玛峰对意志的要求超过了其他任何条件。最后内尔再次向我们展现出他非凡的毅力。正是他无比坚强的内心把他一步步带向他的梦想,这个他关注许久的梦想。

在这片山上,我们在慢慢学会生存的技巧,或者说,我们正在对周围的不适应变得麻木。不管怎么说,第二次来到一号营地感觉比第一次好了许多,我在白天还小睡了几个小时。我对这里的环境适应得更好,甚至我们还想法子看冰块融化打发无聊时间。我给自己和米克拍了几张照片。照片里,我们只穿着靴子,背着背包和冰斧,站立在冰瀑之上。之后好几个小时里,我们队伍都拿米克和我的摆拍开玩笑,很快打发了许多无聊的时间。

拍照的时候,我们俩都没穿衣服,双脚打开,摆出一副原始人的表情。这时,两个新加坡队员突然从我们帐篷后的冰瀑边缘气喘吁吁地爬了上来。他们当时肯定非常期待走过冰瀑后展现在眼前的是西谷美景。没想到却看见了没穿衣服的我。这两个人隔着冰跟内尔示意道，我们该继续往前，否则我很有可能会冻伤。我想，我有点毁了这两个新加坡队员此刻的心情。

亨利带领的珠峰队现在分成了两支，内尔、我、米克三人与格雷厄姆组成了一队，杰弗里则加入了艾伦、卡拉和迈克一队。杰弗里的犬贾第虫病毒感染已经好多了，稍微恢复一些杰弗里便决定在当晚到达一号营地。当我们在大本营休息的时候，杰弗里已经在冰瀑经过一夜适应环境。当他折回时，我们正好在途中遇见。他看上去比之前好多了，心情也不错。没有杰弗里在我们队伍里，这实在是一种遗憾，但是没有办法，这里的气候不会为我们等待，我们必须排除一切障碍尽快到达二号营地。

在一号营地露宿一宿，早上5点我起身拿尿瓶撒尿，抖抖帐篷，帐篷里的冰霜要比在大本营时多得多。其他人忍不住抱怨冰霜落到他们的袋子上。我穿上靴子和防风衣，到外面找地方大便。我们在冰瀑边缘的地方挖了个洞做粪坑，在冰瀑边缘脱裤子蹲下拉屎，这动作危险系数不低。我以最快的速度拉完屎，穿上裤子回到帐篷。在这上厕所可不像在家里，可以在里面坐上好几个小时，津津有味地读着报纸上的头条新闻。

清晨，要想从帐篷里爬出来的最好办法就是依次穿上衣服收拾好行李，然后等所有人都准备好。我们会一个接一个挪到帐篷门口，把脚放在帐篷外穿上鞋底钉之后再爬出去。我们现在已经习惯这样的生活，很快我们三个人和安迪已经站在帐篷外面背上背包了。这个时候，外面还是相当的冷，我们把帽子往下拉得紧紧的，防止风灌进来。

我们的背包比之前又重了一些，里面装着留在一号营地里的东西，还有这次从大本营带上来的新装备。我们每个人的包里都装着保暖夹克、睡袋、两条垫子、头灯、电池、保暖衣，还有大量的脱水食品、相机和两升水。大家相互帮忙背上背包，然后就往一片雪白的西谷走去了。尽管现在背在身上非常沉，我们知道，这些东西在更高的地方都会有自己的用处。

我们慢慢地朝山谷中走去，不一会儿西谷就展现在我们眼前。我们又走了五十丈地，停下来休息一下。走在西谷里，每过几百丈就能看见坡度很大的大型冰块把路线往上抬。有的地方，我们会沿着冰块旁边的小雪道走；有的地方用绳子串起来几个梯子能横穿30英尺高的冰墙。有梯子的时候，我们会通过金属阶梯到达下一段冰川的表面。其他没有梯桥的地方，我们会直接套上上升器，然后借助鞋底钉在冰上敲出来的空洞翻越那些不太高的冰缘。我们的路线在山谷中蜿蜒不断，慢慢向上爬升。这里的冰隙更加随处可见，并且比冰瀑上的更宽更深。前几年，因为脚下的冰川突然破裂，好几个登山者都差一点命殒于此，幸亏他们身上的绳子救了他们一命。

夏尔巴人最新发现了一条通往二号营地的路线，我们一步不差地沿着这条路线前进。即使我们想上厕所方便，也在这条路线上就地解决。为上厕所冒险，这不值得。即便面前的路看上去非常平整踏实，我们也不会卸下绳子。冰原下的秘密，谁也保证不了，谁也不想冒这个险。

这里的每个裂隙几乎都有好几丈宽，至少需要一到两个梯子才可能通过。缝隙下面一片漆黑，感觉相当危险。我们会在绳子上套两次，然后慢慢向前挪动。几年之前，一位非常著名的苏格兰登山家马尔•戴夫在大本营死于心脏病突发。他曾经有一句名言："只有在珠穆朗玛峰,那些冰原裂隙才会被认为是安全的。"他说得很对。当我们通过裂隙上一个接一个的梯桥之后,我们慢慢地建立起了自信。但是,这里还有太多事情需要担心。你可不想总是停下来为这为那争论不休,这只会让你更加疲惫不堪。

沿着谷底深厚的积雪往前进,脚步却越来越慢。我们已经拼尽全力希望赶在阳光更强烈之前到达在冰川顶端的二号营地。白天,西谷的气温可以达到华氏摄式30度。由于周围岩石和冰块形成高高的墙壁,热气被困在中间地势较低的地方。我们需要在五小时之内到达二号营地,这样才能避免这团热气的炙烤。还是早上7点半,冰块的影子已经被太阳的光芒代替了。

我们刚才穿越一片特别高的冰川边缘时,第一次从远处目睹了珠穆朗玛峰。过去一直被努普色山角遮挡住的珠峰顶端这次隐约可见,它仍然比我们现在的海拔高出8000英尺。到目前为止,我之前仅有的一次目睹到珠穆朗玛峰还是在大本营的时候。由于洛子峰和努普色山挡住了大部分视线,能看到的只有风将大片的雪从峰顶吹下的情景。而现在,她离我们如此之近。她不再被其他山峰挡在身后,而是完全地裸露在我们面前,毫不受保护的样子。这种感觉就像我们无意闯入了女神的房间,从下方仰视着她高贵的躯体。

再也没有关于珠峰峰顶究竟位于何处的争论。我们绕过拐角,珠峰体表黑色的岩石和冰雪肌肤已经呈现在我们眼前。当太阳从珠峰顶部升起,阳光穿过山顶的风和雪层透过来,我们坐在各自的背包上,望着眼前的一切,静默着。至今想起来那一刻的感觉还非常强烈。不论是谁创造了这一幕,我想,他一定是个天才。

我们坐在那里，就好像白色汪洋中的几颗小黑点，二号营地还远在天际。去往二号营地所在的冰碛还剩下最后几千米，我从来没有预料到这段路要走这么久。米克、内尔和我踩着各自的脚印往前，慢慢地，异常小心地迈着步子。每走20步，我们就会休息一次。我们轮流在心里默默地数步子，然后轻声说出来，"20"。

不断上升的气温和周围的热气已经让我们精疲力竭，而二号营地离我们还是那么远。登山者大卫·布莱切尔斯曾经这么评价过这里的热度："你会真心想祈求这时吹来一阵风，或者有一片云什么的把太阳给遮住，这样就可以继续前进。"

我们这么走了足足四个小时，终于可以用肉眼看见二号营地了，近了。最后的几百英尺走得异常辛苦，我们肩上沉重的背包终于落地了。二号营地并没有带给我们太多惊喜，事实上，这里是一片灰色和阴暗。笼罩在珠峰巨大山体的阴影下面，这里看起来不是那么受欢迎。闪着微光的岩石表面覆盖了一层深蓝色的冰雪，在正午阳光的照射下，冰雪逐渐融化。这里没有什么东西是非常牢靠的，相反，所有的东西都在慢慢地滑动，满是泥泞。我往外走出一段，爬上一小片冰层上方找到一个相对安全的地方撒尿。

我们慢吞吞地开始了搭建帐篷的工程并打算在海拔21,200英尺的二号营地建一个更先进一点的大本营，有一个公共帐篷，并且两个人可以共享一个帐篷——这可是非常奢侈的事情——不过，搭建帐篷的进程慢得让人恼火。我们的帐篷赞助商向我们保证，这些帐篷可以在数分钟内搭好，但是，事实证明他们错了。在冰面上捣鼓了半个小时，一个帐篷还没搭好。我们测量了一下要在上面搭帐篷的那片冰碛，把帆布铺好，然后开始在冰面上凿一块平台出来。

每个人都多多少少受到高海拔的影响，我的脑袋一直感到痛，同时，身体还在脱水状态。蹲在地上不停地用石子在冰面上刮擦了一个半小时，只能使我的头痛更加严重。

不过，两个小时之后，我和米克搭帐篷的地方终于刮平了。对于那些对帐篷选址有高要求的人来说，我们这两个小时的劳动成果可是一点也不起眼，不过，这已经是我们在这么高海拔的地方可以做到的最好的程度了。我们又在上面放了一些小石子，试图让地面更平整一些，然后把帐篷挪到上面，还算挺好的。我们清楚，这里的冰雪将在两天之内被阳光融化掉，到时候，现在平整的地面又会变成比利牛斯山的样子，可是，对此我们依然无计可施。我们把帐篷骨架安放到合适的位置上，用大石头把帐篷压好，就瘫倒在帐篷里，实在是干不动了。明天是个休息日，这样可以给我们一点时间适应这里的高度。

那天夜里，当太阳从西谷消失时，我们体验到了另一种寒冷。这种寒冷更加阴森，几乎可以穿透最暖和的睡袋。我一直在流鼻涕，之后我发现，鼻涕就在我鼻孔边上冻住了。我摇了摇米克，把鼻子展示给他看，米克忍不住叫出声来。米克和我都感觉糟糕极了，身体里有一种钻心的寒气，不仅如此，伴随着头痛，还有轻微的反胃。尽管我们都非常需要体能，但那天晚上，我们两个都没吃多少东西。在这种海拔高度，即便不进行我们惯常的体能训练，身体需要的能量也几乎是在海平面的三倍。但是，这个时候，我们就是没法补充能量。

米克在帐篷里打盹。这应该是应对身体不舒适的最好办法——让头脑麻木，迷迷糊糊地躺着。我跪下了撒尿，然后再躺到我的睡袋里。我对着瓶子撒尿时，塑料瓶逐渐满了，隔着塑料瓶我的手可以感受到自己新鲜尿液的温度。那种感觉挺好的。帐篷并不是完全平整，稍微有点歪，我挪了挪膝盖，让自己尽量舒服一点。突然，尿瓶从我冰冷的手指间滑落，尿液洒得到处都是。我发疯地去抓尿瓶，不幸的是，等我抓住它时，瓶子里大概一升的深棕色黏糊糊的尿已经洒在了睡袋里面——那是我自己的睡袋。

生活在山上，没有什么比睡袋更加私人化的东西了。每天，当你把睡袋打开，你会珍惜它，小心看守它，仔细感受它。躺在里面的几个小时，是你暂时逃离周围一切的机会，它让你忘记了自己身处于多么恶劣的环境下。此刻我的睡袋却被自己尿弄得湿漉漉黏糊糊。很快，睡袋上的尿液就会在寒冷的空气里冰冻，我赶紧用衣袖尽可能地把上面的尿液擦掉，实在是没有其他什么东西可用了。不管付出什么代价我都要让睡袋保持干燥。很快，我的衣袖潮了，我把它脱下来放到背包里，打算晚上弄干。我把所有湿了的、有潮气的东西，像袜子、靴子都放在背包最下面。放在里面，它们会慢慢变暖然后变干。

米克顿时来了精神。他觉得这是我们到二号营地之后最有趣的事情。到这之后，米克几乎什么话都没说，不过现在，他又开始叽喳个不停。至少，洒尿这事让他又恢复了活力——真是个怪物。

"米克，我总算是松了一口气，你知道我一直在担心我是不是太舒服了一点。"我补充道。我们俩有一个约定——越是在悲惨可怕的环境下，我们越要表现得轻松自在。这似乎对于减压非常奏效。

"你太走运了，我还希望我也在睡袋里洒满尿了！"米克毫不示弱地反驳我。

他很快又转过身去，躺在那儿每隔五分钟就悄悄地偷乐，一直到他睡着。我脱到不能再脱，才敢钻进我的睡袋里，我可不想把所有衣服都弄湿了。整个晚上我都没睡着。我躺在那期待着黎明快来，能带来些暖意，可是，黎明实在是来得太慢。

尽管今天是个休息日，我依然早早地就起来了。现在是凌晨5点半，已经可以看到日出前的薄光。我穿戴好所有的装备，从帐篷里爬出来。我们的公共帐篷就在旁边，我走了进去。那些夏尔巴人还在睡觉，我又悄悄地出来了。我往山谷下看，雾霭在远处徘徊，浮在遥远的冰瀑之上。这时候大本营的人们应该在仰望天上厚厚的云层。不过，对于置身于高处的我们，周围的山形都非常清晰可见。

很快，夏尔巴人都起了，我们大家都聚在公共帐篷里，把往更高处攀登需要用的绳子坐在屁股下。我们手里端着热气腾腾的茶杯，一边喝一边从嘴里发出声响。你可以看到鼻孔呼吸时冒出的蒸汽。帐篷里全是到比我们目前位置还要高出3,300英尺的三号营地要用到的各种工具。下一阶段，从二号营地到三号营地将是整个攀登中最困难的一段路程。

在西谷顶端矗立着一段有5,000英尺高的冰墙，看上去无与伦比，这就是著名的洛子面。它的表面非常陡峭，与地平面夹角在50度到80度之间，一直延伸到天际。洛子峰的顶端就位于洛子面的尖端。洛子面外表覆盖着像岩石一般坚硬的深蓝色冰层，看上去闪着险恶的光辉。当你伸直了脖子去仔细研究它时，是相当令人畏惧的景象。在洛子面上大约四分之三段的高度，有一些很小的团状物，在望远镜下看，你会发现那些是巨大的冰塔，而我们就要在那些冰塔下面建起三号营地。

洛子面的地形决定了我们必须劈开冰层,在那里给营地搭建一块平台。有了其中任何一座冰塔的庇护,我们就不必担心帐篷会受到从洛子面下来的雪崩的袭击了。如果雪崩下来,这些冰塔会挡住大部分的重量。虽然听起来有点侥幸心理,不过,有遮蔽总比没有好。

我们坐在夏尔巴人将在三号营地上使用的工具上,很安静地在交谈。

"听着,我想我们今天应该试试去看看西谷顶端的环境。如果我们可以在洛子面脚下找到一条比较好的,绕过博格斯克伦德裂隙的路线,这不仅对我们适应环境有利,也会让夏尔巴人的工作简单许多。"安迪建议道。

我眼睁睁地看着我们的休息日迅速地在帐篷里溜走。

我们相互而视,都认为这个主意不错,但是大家的身体在期盼不一样的事情。它们输了战斗,就必须接受一天的惩罚。这将是我们列成一队进行训练的第三天,我知道,我们都需要尽快休息。于是,我把话题重点转移到许多天之后我们将可以在大本营好好休息,没有人会因为这个提议打我的。

我们试着拿热水冲泡了一些果蔬燕麦早餐,但是还没吃两口就感觉饱了。然后,大家就各自准备去了。

我们站在冰面上用绳子把自己连在一起,太阳还很低。在冰上行进时,如果你和你前面那个人之间的绳子的距离过短,当你摔倒时,其他人也会跟着摔跤;如果你和你前后的人之间的绳子距离过长,那么反应会很不灵敏。我们对绳子的长短的要求是经过仔细测量的。

天色渐渐亮了，我们小心翼翼地在冰川上部穿行，心情也越来越兴奋。内尔在最前面一丝不苟地在冰面上重重地踏下每一步。尽管速度很慢，但是高海拔决定了我们很快就会感到疲惫。需要休息的时候，我们就会靠在冰斧上坐坐。

每过一段时间，内尔总会发现一些薄冰覆盖着的陷阱。然后，他会用冰斧刺穿薄冰，露出下面黑暗深渊的原形。这个时候，我们会小心挪着步子，一直到一片比较窄的地方，然后一个接一个地快速跳过去。每个人跳的时候，其他人会拉紧绳子，朝你点头示意，然后你小跑着从不知名的危险地带上飞跃过去。黑暗的裂隙在身下咆哮，你会希望落地的地方能安全把自己接住了。落地时，脚下发出一阵响亮的重击声，你就可以松口气了。然后稍微移动几步，站稳姿势，迎接下一个起跳的人。我后面的一个正好是米克。米克对这种深渊跳的痛恨在脸上写得清清楚楚，但是，他就像一个三岁孩子尝试滑板一样，二话不说就把自己抛向空中。我忍不住笑起来。他已经疯了，这是我唯一想得到的理由。

今年以来，还没有任何西方世界的登山者甚至是当地的夏尔巴人到达过这么高的位置。所以，我们正在冰川表面挑战这片处女地。置身于原始、充满惊奇的自然之境，身边都是我熟知的人，这让我感觉很棒，更加兴奋起来。我们保持较慢的节奏往上爬，很快我们便走到了洛子面的脚下。再走近些瞧一瞧，冰面的坡度和广度远超过我的预料，我没有哪一刻像现在这样脆弱。站在这里，站在巨大的冰层和岩石之间，我觉得自己就像个小矮人，除了不敢相信地望着四周，我不知道自己还能做什么。就像一只蝼蚁，我的存在微不足道。

我记得上帝说过，他珍贵人类胜于山峦，可是，我站在这里，感受到四周山峦的胁迫，我感到疑惑。不过，当我凝望这片绵延的山峦越久，我越感到自己是其中一部分。在这里，自然、上帝、人类，这三者奇怪地构建起一种和谐，好像上帝与我们同在。

从洛子面的脚下往上看，你可以看到5,000英尺高的冰墙。而我们脚下到处都是从冰面上落下来的拳头大小的岩石，直插进冰川里。如果它们以正常的速度从蓝冰上滚落，马上就能把人砸死。因而，此地不可久留。

我们小心翼翼地走到博格斯克伦德裂隙的边缘，一个接一个走进去。这片巨大的裂隙连接着西谷末端和洛子冰面的始端，有30英尺宽，深不见底。这里出奇的静，我们巡视了一下四周就赶紧走过去，以免遭遇落石。这给我们数周之后的行进开辟了一条不错的路线。

终于，我们可以不必跟着绳索阶梯穿越裂隙，而是身无束缚地在冰面上走，这让我们的疲惫一扫而光。不过，兴奋劲过了，下山返回二号营地的时候可把我们累得不行。我们尽可能沿着上山的脚印快速返回。

那天晚上，由于身体的疲劳，我们在二号营地睡得很好。在这样的高度要想给身体补充足够的水分几乎是不可能，不管我们喝多少水，身体还是脱水。那天晚上，当我拿着自己的尿瓶撒尿的时候，我死死地抓着我的瓶子，就像小婴儿不肯放手心爱的洋娃娃一样。这一次，我再也不会让它从我手里滑落出去。真是一朝被蛇咬，十年怕井绳啊。我的尿液还是深棕色，真是令人沮丧。不过，稍微让我欣慰一点的是，米克的颜色比我的还深。我们在昏暗的光线下，拿着各自的尿瓶比来比去，米克不得不承认自己败了。这样脱水的状态，我们俩还要忍受头痛。

第二天早上8点半，我们已经回到了冰瀑顶端。因为我们的身体非常适应空气逐渐增加的氧含量，从二号营地走到一号营地我们只花了两个半小时。到早上10点45分时，我们已经到了大本营。在山上的时候，我们已经目睹了云端之间那片美丽巨大的冰原，而回到大本营，这里什么都没有变。我喜欢这样。大本营是这里唯一不变的景色。我们到达的时候，天空充满阳光，帐篷里放满了食物迎接我们。

不过，乔看上去有些担忧。尽管我们都被炽烈的太阳晒出了一层又深又脏的肤色，我们看起来气色不好，但是，我想未必是我们现在的样子让她这样愁容不展。在乔看来，我们在清晨突然消失，过了几天，又像刚刚打了仗回来，非常虚弱。乔在为我们担忧。

回来的路上，我们很想早一点回到大本营的温暖舒适的环境里，吃夏尔巴人做的新鲜鸡蛋饼，所以都走得非常快。连续几天的疲乏包围了我。回到大本营之后，我没有跟其他人一起活动就直接回自己的帐篷睡了。我一直睡到中午才醒，我在日记里写道：

在此生活的这些日子里，伴随一路的恐惧，经历了相隔万里的思念之苦，饱尝肌肤之痛，我越来越懂得珍惜大本营这样一个世间不可能更好的存在。正是身边这些最简单的事物让你对生活保持希望，比如希望跟家人通话，期盼吃一口蛋黄酱。

由于连日来的脱水症状，我现在的身体状况非常虚弱，在这里，脱水几乎是不可避免的。今天下山的时候，我没有太在意阳光强烈，也就没有戴帽子，现在我感到自己有点中暑了，看吧，付出代价了吧。由于从绳索上下降时不停地摩擦，我的手掌起了许多水泡，小腿前面有些擦伤，还在流血。虽然大家都相互告诫，注意安全，小心受伤，但还是难免受伤。我必须要展现出自己身上原有的颜色，并不像这么"不错的业余选手"的颜色。

上次从冰瀑裂隙上摔落下来时，手肘上留下的伤还隐隐作痛。每次碰到那的时候，骨头都会咯吱响，然后疼得不自觉地叫出声来，整个就像一块软塌塌的法兰绒。尽管如此，我还是觉得，只要我尽了全力，这些都是值得的，只不过，我现在有点儿挫败感而已。

我在心里数着距离回家的日子，想着自己可以放松地待在牧场里和家畜动物们待在一起，可以爬树，升起大篝火，坐在周围，洗泡泡浴，还有，可以睡柔软的枕头。

在喜马拉雅山里生活的时间越长，我越是感觉到，只有紧随主，我才可以获救。在二号营地的时候，我给米克和内尔读了几段我从克利夫·斯特普尔斯·刘易斯的《地狱来鸿》书上撕下来的章节，里面讲的是什么是真正的自由。他们居然都听睡着了！

这是我在来尼泊尔之后睡得最香甜的一个晚上，却被米克恶作剧的吼叫声吵醒了："早上好，熊！"

我也鼓着气，大声回应了一句："早，米格尔。"

米克昨晚休息得也不错，大本营这里的空气含氧量更好，我们的身体都得到了恢复和放松。今天，我真的很想给家里打个电话。迈克到山上去了，他的通信官又偷偷地让我们用了他的卫星电话。不过，依然是七美元一分钟。

"嗯，是我。"

"贝尔……是……贝尔！"妈妈喊出声来，周围所有人都聚了过来。

听到他们每个人的近况真好。家里所有的动物都好，我的小侄子芒果已经可以走路了。娜拉很肯定地说他已经会喊"妈妈"了，不过爸爸很不屑，说那不过是小宝宝的呻吟而已。这把我逗乐了。

我告诉他们，我们准备前往三号营地，然后就是等待射流风之后向山顶进发。我跟他们说了自己在冰瀑裂隙的那次险象环生的经历。

"你掉进什么里面去了……石头缝？"妈妈没听太明白。

"不是，是一个裂隙。"我又重复了一遍。

"说大点声，我听不太清楚，"妈妈叫身边的人都安静下来，然后又再确认一遍，"你刚才说那个石头缝……"

"没事儿。"我只好笑笑。

我答应他们一周之后从三号营地回来后我会再给家里打电话，然后就挂了。我从帐篷里出来的时候，周围的人都乐得不行，原来他们在听我们讲话。内尔只是一个劲儿坐那儿笑而不语。

杰弗里已经和其他几个人出发去二号营地进行适应训练了，所以我们又一次错过。他看上去状态不错，这是个好现象。我们的医生斯加特的脚踝也开始恢复，应该很快也可以开始攀登，即便只是为了一睹西谷真容。我非常佩服他的这种勇气。

当其他人都开始攀登的时候，斯加特只能一个人待在大本营，看得出来，这种情况下，他想念他的未婚妻。攀登这样的山脉，最难克服的障碍之一就是和所爱的人分开。那种感觉，这里的每一个人都在承受，只是，每个人都在以自己的方式面对。

亨利这些天身体也有些小毛病，他可不是爱生病的人，这可让苏格兰脾气的亨利有些恼怒。过了三天，亨利有了些好转，他便和杰弗里一起去了二号营地。大本营现在开始安静下来。我们也跑去和查尔斯聊天，他提到，根据统计显示，每四个人中只有一个人能成功登顶。我独自坐着回想查尔斯说的话，心里想着，我们四个人里究竟谁才能登顶。格雷厄姆、内尔、艾伦，他们都非常强有力，都是各自国家最优秀的登山者。我感觉，按逻辑的推理，自己不可能是那个登顶的人。我知道，我唯一的希望是不去考虑这些统计数字，可是，那些数字沉沉地印在我心里。内尔依旧像往常一样说别听他的。

"我们是一支队伍，好吗？专注在你现在做的事情就行了。那些做到的和没做到的人之间的差距就在于后者不相信自己可以做到——他们的精神气没了。我们都有这股精神气对吧，贝尔？"

在开始最后一次到海拔24,500英尺的三号营地的环境适应性训练之前，我们还有一天时间休息。亨利一次又一次地提醒我们，这一次对成败来说非常关键，"如果你能在七个小时之内到达三号营地，并且还能在那个高度挨一个晚上，那么，在我这里，你就有资格继续往上走挑战山顶。如果你太慢的话，我就不能让你冒这个险，你必须回到大本营。"

亨利已经说得很清楚。作为整个登山队的领队，他负责所有的后勤安排，他的话就是命令。亨利有多年的攀登经验，他对珠峰的了解非常专业、广博。他几乎每次都能到达三号营地，或者四号营地，但并不再往上走了，而是确保在那的登山队员的安全，他这样的帮助其他登山者给他自己带来了许多满足感。

"我的快乐就是在这爬山,并且为那些登山队能够成功登顶提供尽可能的帮助。这么些年了,我也差不多能感觉出哪些人可能会成功登顶,哪些人不行。那些拿出自己的一切去为登顶努力的,珠峰会给他回报。你可以从眼里看到他们的决心。帮助这样的人实现梦想,是我的快乐。"亨利这么说。

在这最后一程,每个人肩上都有压力。任何一点失误都承受不起。要想成为登顶队的一员,我们必须展现出良好的抗压能力,勇气,还有友善。在高山攀登中,没有什么比自私更不受欢迎的了。

我们都已经准备好向三号营地出发。大家讨论着通过蓝冰地区最有效的方法,争论着到底哪种技术更合适。在这样的海拔高度,我们不敢有丝毫差池。尽管非常清楚可能的后果,我们都迫不及待想要开始眼下的路途,我不想再等下去了。

那天晚上和斯加特聊天的时候,他说起自己这么些年为了来此攀登所做的一切。可是,来了这里之后,由于脚踝的伤,他的雄心壮志缩小成去看一眼西谷。那是他想要的。我感觉自己特别微小。为了登顶珠峰,我做过什么呢?当斯加特为准备这次征途已经开始训练的时候,我还在学校上学,可是他不过希望到达西谷而已。也许,我的期望太高了吧。那天晚上,我回到自己的帐篷之后,这个想法一直在我脑海里挥之不去。

但是,我必须逼自己走得更远一些,尽可能地超越自己的局限。我可以感受到自己体内燃起的登顶的强烈渴望。这一路上所目睹的美景已经许多次震撼了我,可是,珠穆朗玛峰的美,我相信,还有更多深藏在后头。我的眼和心为了感受峰顶而早已准备好,我的梦想是和那个创造了这一切的"人"共同到达峰顶。这才是我想要的旅途。

Bear Grylls

A special trip to climb mount Everest

11　最后的归程

只有在不断挑战难度中,一个人才可能获得成长。

——罗纳尔·奥斯博恩

凌晨5点，二号营地出奇的安静。米克一整夜不停地翻来覆去，抱怨着睡不着觉。

今天非常关键。昨天，我们从大本营出发，经历了七个小时的行走后，到达了二号营地。这是我们第一次没有在一号营地过夜就直接上来了，现在是身体出现反应的时候了。我们本以为现在更加适应营地环境，身体会感觉好点，但是从大本营就开始连续前进，身体明显吃不消，我们的行进速度也下降到每次只能走20小步就要休息一回。

如此走走停停，最让人烦恼的事情就是你的大脑和身体有太多多余的时间去回味那些不舒服的片刻。我甚至都不愿远远地正眼瞧一下洛子面，它实在是太难跨越了，走到西谷我几乎耗尽全身力气了。

14个小时之后，天还未亮，我蹲坐在寒风里，最后一次检查背包，调整了鞋底钉，为向3,300英尺以上的三号营地出发做准备。我感觉自己有点不太舒服。

三号营地的环境已经接近人体可以承受的极限，再往上走，人体机能会不断地消耗直至能量完全耗尽，还能坚持多久，就靠命运和运气了。但是，不同人的承受极限并不相同，有人说，随着年龄增长，对高海拔的承受能力也在逐步提高，我祈祷我的身体也能克服这一点。应该说，必须克服。现在才是真正的比赛，如果我不能坚持到三号营地，我就回到大本营从此再也不来此地。因为，这说明我的身体和其他许多人一样，不能适应高区缺氧环境。眺望眼前的洛子面，我试图想象自己站在高高的顶端，可是，我却不能。

"好啦，准备出发吧，我们必须在太阳出来之前到达洛子面，只剩下两个小时了。"内尔宣布道。

我们一早上几乎都没怎么说话。所有人都太紧张了，各怀心事。

从二号营地走出30丈地，我们依旧在碎石子和冰碛上面走，试图尽快走到更坚硬稳定的冰面上。内尔走在前面带路，突然，他在冰面上打滑了一下。我们停下来等他站稳，又继续前进，走了1丈地，他又滑倒了，平时内尔很少会在这么锋利的岩石冰面上滑倒。他有点恼怒，忍不住大声诅咒。

我们都感受到身上的压力，在营地附近30丈的地方挣扎前进，这样的境遇着实让内尔心烦。我非常理解。我们都只是坐在原地等待，不需要说话。我们，作为一支队伍，只是需要一点时间离开二号营地单独相处一会儿。我们坐了大概五分钟，只是这么静静地坐着。内尔刚才说出了我们所有人的感受，我们都在影响感染着队伍里的每一个人，大家又开始有了力量。

我们继续沿着冰河上端的裂缝小心翼翼地往前，尽可能地为后面的路程保留体力。除了鞋底钉刮擦冰面发出的声音，周围非常安静。高音调的刮擦声有节奏地敲击着我的耳朵。虽然还只是早晨六点半，天气已经开始热起来。

路上，我们停下来休息了十分钟。趁此间隙，我拿出些葡萄糖片分给大家。我一直在吃葡萄糖片，特别是当你坐在冰斧上休息时，感到眼皮沉重，呼吸急促，葡萄糖是帮助你分散注意补充能量的好东西。

风在冰面上温柔地吹，多少缓解了身上的热气。穿鞋底钉攀登冰面时，每踏出一脚，我们都需要确保钉子已经抓牢冰面，然后借助鞋底力量再往上一步使另一只脚下的鞋底钉紧紧抓牢。如此反复，每前进一段我们就需要休息一阵。考虑到上升3,300英尺的海拔高度，我们每一步的跨越都很大。即使是当初徒步跋涉到大本营的时候，我们每天的上升高度只有900英尺，并且，那时的海拔高度比现在低10,000英尺。

我们都很清楚这样逼迫自己挑战自我极限的危险性，但是，梯度非常陡，我们不得不这么尝试。逻辑上看，要想在洛子冰面上建两座营地几乎是完全不可能的事情，这样会使人体处在高海拔的时间过长，对我们来说是件很冒险的事情。在周密考虑之后，我们觉得最好的方式还是先到达三号营地，然后赶紧下来。一旦我们完成了在三号营地的事情，就迅速回到大本营，做冲刺前的最后一次准备，之后，就要看天气了。

时间已经过去了五个小时，我们继续慢慢地在蓝冰上前进，每一步都相当小心。在这里，任何一个错误都是不可能弥补的。我们用上升器套在绳索上滑行，检查齿轮是否已经咬合好，然后才敢倚靠在冰面上休息一会儿，让安全带支撑起身体的重量。上升器则是通过一段非常短的连接绳套在身上的安全带上。在这种地方,你除了相信这些绳索可以支撑得了身体的力量之外,别无选择。

在经过每段绳子的最末端时,我们会先将身上的连接绳和岩钉钢环拴上下一根绳子,以确保安全,然后再将上升器从前一根绳子上取下来并套上去。这些步骤听起来相当烦琐,但是,谁也不能担保你的粗心大意会导致什么后果。洛子冰面上的死亡人数已经说明了一切,还是把精力集中在攀登上吧。休息的时候,我们的鞋底钉会抓住冰面,这样我们可以倚靠安全带放松一下。在我们脚下,远处的冰面闪闪发光,我可以看见自己刚才踏过带出来的小冰块在光滑的表面上闪着光。安全带将我和背包紧紧套住,我和背上的背包像被拉紧的弦上的箭,尽管我们已经费尽力气试图少往背包里装东西,但身上的重量依然不轻。

我晃动了一下包裹在重重的靴子下的双脚,好让它们放松一下。我微曲双腿,可以感觉到鞋子上硬硬的塑料块压进我的小腿胫,之前腿上的水疱还没有完全消,还是很疼。之前乔帮我做了包扎,不过现在那层保护已经被靴子上的塑料层给磨得差不多了。

内尔形容我们现在的状况是"受虐"。这倒让我感觉好一些,因为有人跟我一样痛恨这样的处境。环顾四周,已经再也感受不到任何令人愉悦浪漫的事物,有的只是疼痛。

越往上走,风力越大。我们停下来拉紧身上的防风衣。我拍拍手,雪从我的手套上掉落下来。我甚至连往地上看一眼的多余力气也没有,一心只想着往前赶。

往上爬的过程,是只属于你的孤独世界。每一个人都沉浸在自己的世界里,好的坏的事情都在我们脑海里旋转。

经过了六个小时的跋涉,我们才走到冰塔。我看见博尔纳多从登山绳上滑下来，朝我们的方向过来。他昨天就到了，看起来非常有信心的样子。

"不远了，贝尔，再往前过两个口就能看到三号营地了。"博尔纳多经过我的时候说。那些夏尔巴人也是在昨天就到了，他们整个下午都在搭建帐篷。在这样的海拔高度，夏尔巴人的身体适应能力比我们更强。尽管我们的前进速度都很慢，但夏尔巴人仍然比我们更先到达三号营地。他们的工作干得很棒，营地上的帐篷都已经搭建好，现在，他们和博尔纳多一同返回大本营。我们在路上相遇的时候，他们又对我们报以大大的微笑，他们相当理解我们现在的痛苦啊。

当我们到达最后一处冰缘口时，在我们头上100英尺的地方，已经可以看见冰塔下面的帐篷区了。虽然从这个角度看上去，我们的帐篷岌岌可危，但是，对我们而言，它就意味着一个温暖舒适的窝。现在回想起来，那天看见帐篷被大风吹得摇晃，绝对是我所见到过的最迷人同时又最不可捉摸的景象。风将雪从深色的冰面上吹起，打到我们身上。我的手已经冻麻木了，于是摇晃着双手，试图让它们暖和起来，好在戴了手套，这样手不会和上升器还有岩钉钢环粘在一起。

又这样走了20来分钟，三号营地还是不见更近一点。

米克落在内尔和我的后面，我俩翻过三号营地的冰缘时，回头看着跟在后面的米克。他停在原地，疲惫地走了一步，又休息一阵。他现在肯定正非常妒忌地看着内尔和我，离我们这么近，却又这么远。加油，米克，他从来不会放弃。终于，他摇摇晃晃地在冰天雪地中走到了营地边缘，他那张已经被冰雪吹得有些模糊的脸上露出了笑容。我们三个现在都站在三号营地了。

安迪已经在帐篷里了，他比我们早几个小时从二号营地出发。他现在很疲惫，脾气也有点暴躁，不过我们也都差不多。帐篷很小，我们四个人挤在里面，再加上我们的所有装备，鞋靴，就好像是龙卷风冠军赛的挑战，你很难找到一个合适的姿势保持稳定。

装着干粮的防水袋散落在地上，我们把睡袋靠在帐篷挨着冰面的一边，然后我找了一个相对舒服一点的姿势倚在上面。

我的头痛又发作了，本以为在二号营地的时候已经好了，没想到又开始了，而且比之前还要强烈。我吃了四片阿司匹林。

挤在这么小的空间里，你又非常疲倦、口渴、头痛，然后还不断地在一个小破火炉上化冰融水，背后靠着冰墙缩成一团，这时，周围所有人的宽容非常重要。这一刻，即使是最好的朋友，最棒的友情也同样受到考验。

我们相互之间都太了解了，并且已经形成了一种默契，就像一群老伙计。比方说在帐篷的方寸之地上我给内尔扒出一块够铺地垫的空间，内尔帮我从背包里翻出头灯；又比方说米克对着尿瓶撒尿发出嘶嘶的声音，我们俩都在背后偷笑。没有人曾经告诉过我们，来这里是度假的节奏，我们也从来没有奢望这次旅途会很轻松，但是，大家一起在这里，还是有种奇怪的温暖感。

一旦你把登山靴脱掉，就一定不能离开帐篷。好几个人都是因为只穿着保暖内靴走到外面，然后慢慢瞌睡失去意识，从蓝冰上滑落下去。在他们意识清醒的最后一刻，他们才发现自己已经在5,000英尺高的光滑冰面上做最后挣扎，但是，等待他们的只有脚下黑暗的无底深渊。所以，在这样的地方粗心大意，所招致的结果将会是致命的。

新加坡远征队和我们同时从二号营地出发，但是他们还没有到。昨晚，我们通过电台通讯才知道，因为天气恶劣，他们走了四个小时之后已经折回，准备明天再次尝试。知道这个消息，一阵温暖突然向我袭来，我们三个和安迪已经做到了。上帝才知道我们是如何办到的，不过，我们真的在这里，站在24,500英尺海拔高的洛子冰面上，妈妈爸爸一定会感到不可思议，一想到这里，我不禁莞尔。

天色暗得很快，我们打开头灯守着角落里火炉的热量。我挤在米克和内尔的中间，靠在背包上，闭上眼睛。

在黑暗的群山之间，只可听见米克清理嗓门的音调，还有内尔低沉的咳嗽声。我开始昏昏欲睡。

"帐篷……刚刚还在眼前的，现在不见了。发生了什么事情？又来了，这么近……现在它又在移动。停住，请停住。"帐篷被吹来吹去，我死命地想抓住它，却怎么也抓不住，我祈求自己放弃吧，不要再白费力气，但是我控制不了自己。我没有退路。"停住……"

我张开眼睛，发现自己躺在帐篷里，我晃了晃头，想把噩梦甩开。我可不想再经历一次被绳子和岩钉钢环挂在悬崖边上。

午夜，我听见安迪在自顾自地抱怨，"倒霉的！"他也睡不着。我又吃了一片阿司匹林，这样会有助于我快点睡着，同时也能缓解一下头痛。但是，一点作用也没有。

我听见有人往瓶子里撒尿的声音，于是睁开眼睛。又是米克，我来了这之后还没小便过一回。

"米克，你就不能小声一点吗？"我压低声音问道。

"太憋了。"米克回答道。

我知道，一旦我返回英国，必定需要接受心理咨询，只为帮助驱赶掉脑海里米克半跪着对着一只透明瓶子撒出深棕色尿液的样子。很长一段时间里，只要我听到米克的名字，脑海里就会浮现出他小便的样子。所有人都可以躺着完美地完成小便过程，但是，除了米克。他，就像大家所说，喜欢跪着做完事情。

黎明到来，我们在拥挤狭小的帐篷开始收拾起来，这堆东西令人烦心。火炉已经被冻住了，怎么也点不着。我把里面的小汽油过滤装置取下来，这样油可以更容易进去，过了十分钟，小火炉才开始解冻，我们再一次尝试将其点燃。

一个小时之后，我们喝完了一杯暖和的水，穿戴好衣服，做出发前最后一分钟的检查。我的手套还是有些潮湿，但是戴上去的时候还算暖和。我还在帐篷里捣鼓，这时一股新鲜的冷风灌入我的鼻腔，我坐在那抬起头，等着有人从外面进来。放眼望去，昨日的大雪纷飞和狂风怒吼，早已被眼前这片动人的安静景象代替，我立刻被震住了。

我们现在距离大本营的垂直高度是2,000米，还在顶峰以下1,500米。那些在大本营时看上去高耸入云的山峦，现在都和我们在一个高度或者已在我们脚下。我觉得自己好像一个捕食者，悄无声息地爬到了沉睡的巨人珠穆朗玛峰身上。但是，今天我们要再一次回到二号营地，然后是大本营。一想到必须重新走一遍那段好不容易才走过的辛酸路，我就忍不住感到沮丧，可是，这是我们唯一的选择。人体不能再适应更高的海拔环境，如果要想挑战高峰就必须以退为进。

我坐在一个角落，眺望远处的南坳——四号营地所在的地方。南坳之上，是一片巨大的横梁，穿过黄带，一直通到日内瓦马刺。

在清晨的日光下，那片地方熠熠闪光，看起来非常骇人。在这之上，再往北一点，就是四号营地。我将视线移向天空，好想知道到时候的天气状况是否会允许我再向上更进一步。我为自己祈祷。

我又朝山谷下望去，这才感觉到洛子冰面有多么险峻。真不敢想象我们是怎么在风雪中爬上来的，这不过是15个小时之前的事情。我下意识地检查了一下身上的保护套，确保自己还很安全。

就在我坐在那的时候，米克、内尔，还有安迪已经收拾好了，我忽然体会到一种从未感受过的静止时光，我不敢相信这种体验真的存在。只是，好希望这一刻不会结束该多好。

昨晚的雪下得很大，光滑的冰面已经被好几尺深的雪给覆盖了，沿路的绳索也被埋在积雪之下，这导致下山的路更加难走。

很快，所有人都已经整装待发，最后一次互相检查护具。花费十几秒钟做这一步，非常必要，你知道，这很可能就能捡回来一条命。我们攀着绳子往下行，绳子在手指之间滑过，加速的时候便会嗡嗡作响。我尽力让自己不要去想之后还要再上上下下地重新来过一次，这着实是个很痛苦的事情。

下山的路上，看到几个往上走的身影，是新加坡队和一个美国登山者。他们今天一定是很早就出发了。经过新加坡队的时候，我们祝福他们能有好运气。那个美国人还在后面大约50丈的地方。此时，我感到有些疲惫，在这么高的地方待了一晚上已经让我开始感到瞌睡，赶紧往下走的心情反倒没那么迫切了。

就在我换到下一根绳索上的时候，正好经过那个美国人，我跟他打了个招呼，然后把钩子往绳子上套。可是，动作变得有些笨拙。突然，我脚下没踩稳，在冰面上往下滑了一下，绳子撞到了美国人的那边。我赶紧往背上靠，从冰面上反弹开来。就在我开始往上的时候，绳子又像卡住了一样，那个美国人猛地和我撞到一起。有那么几十秒，我们俩完全静止在那，面前就是深不见底的斜坡，然后又疯狂地往绳子上套。

"你还好吧？兄弟，刚才真的很危险。踩稳了。"他几乎是很随意地说出这些话。

"是啊，真险。我还好，抱歉，刚才我没踩稳，鞋底钉没钩住。你还好吧？"我还有点惊魂未定。

"还好，还好，好在刚才这根绳子抓住了，是吧？"

我们深吸了一口气，然后继续小心翼翼地往绳索的结点走。

我大口地喘着气，把头埋进胸膛，刚才又走运了一次。

你真的担不起这样的失误——你相当清楚，贝尔。我告诉自己。

突然我们两个人相视而笑，也只有在这样的地方，意外、事故才可能把人拉近距离；在其他任何情况下，只可能造成争论争吵。可是，在海拔这么高的地方，你们都在尽全力逃脱这个危险游戏。登山者的气质是非常随性的，特别是面对压力的时候，这种品质更加容易展现出来。他只是耸了耸肩。

"嘿，别放在心上。"他说。

我继续往下赶路，慢慢地、小心翼翼地走每一步。这是我在山上犯的第一个错误，也将是最后一个。我有些自责，就好像让谁感到失望了。虽然，周围的这些朋友对我都比我对我自己更包容。

"你刚才是在那练习下山技巧吗，贝尔？"米克又跟我开玩笑。我害羞地朝他笑笑。

我发誓这将是我的最后一次。

回到二号营地的时候，我一路上的紧张感已经完全消失——你看，我们恢复力就是这么强。我们最后一次的环境适应性训练至此已经完全结束。迈克和斯加特也都在场，和我们握手，欢迎我们归来。我想他们一定是嫉妒我们可以回到大本营好好地休息调整一下。他们俩还在准备之后几天里向三号营地出发。不过，这要看斯加特的脚踝恢复到什么程度了。不过，我想，斯加特清楚自己已经接近极限了。我们一边喝着热柠檬茶，一边聊天。斯加特和迈克现在看待我们的眼光有些不太一样了。

我们已经证明自己能够克服高海拔的极限。我们都很清楚，这意味着我们的体能有可能挑战顶峰。不过，因为面前有太多不确定因素会阻止我们登顶，虽然没有人说出来。在内心深处，我们都知道，我们已经做到了所有该做的事情。我不禁为自己感到有些自豪，我们的确干得不错。

第二天，我们仅带了最基本的一些装备就从二号营地出发了。我们运过来的大部分物品都已经在大本营等着了。从西库姆冰斗往下走的路第一次感觉到这么令人愉快。我们的身体又回到氧量充足的空气中。大家自信满满地穿过冰层裂隙，这种自信并不是因为高度下降遇上雪崩的机会变小，而是源于我们的骄傲。我们马上就要到大本营了。

我站在冰瀑的顶端深深地呼吸了一口气，身后是一片深渊。现在，站在这里，越多看几眼脚下的深渊，我越是想要回来。我想，越是在接近终点的时候，想赢的心态也越明显，往往是这个时候，更容易失去。我套上下一根绳索，从冰上下滑，将西库姆冰斗甩在了身后，半个小时之后，路途又变得非常平坦。

这时内尔跟了上来，米克在前面约两丈的地方等着。突然，我们听到一阵刺耳的声音，冰雪从高处跌落从岩石上翻滚下来。原来是雪块落进了冰瀑的北侧，造成了一片沉闷的声响。我们伏蹲下身子，望着距离我们仅几百步之遥的地方发生的这一切。

就从我们蹲着的地方，已经可以清楚地看到大本营了。有望远镜正在注视我们。大家都特别带劲地沿着绳子往回走。我们已经特别近了，近到不可能有什么意外发生，我心里默默地想。

正午12点的时候，我们已经身处大本营回望安静的冰瀑了。乔的声音打破了宁静。"勇士们，我真没想到你们回来了。"我想，她喊出这话的时候，一定是把对每个人要说的话的音量都加起来了。乔的脸上洋溢着大大的笑容，兴奋地和我们每一个人拥抱。回来真好。

Bear Grylls

A special trip to climb mount Everest

12 "终于走到了这里"

终于走到这里，但我究竟是在哪？

——詹尼斯·乔普林

深夜，帐篷外一阵激动的嘈杂声把我从酣睡中吵醒。几个夏尔巴人正撒了欢地跑。大家都好奇地从帐篷里探出身来，看发生了什么。一个尼泊尔搬工，看样子不是从昆布谷来的，快步地往我们帐篷这边过来。他看起来很疲惫的样子，身上用旧布条绑着一个装满东西的编织筐。那个人走近了脏帐篷，满脸笑意地将背上沉沉的编织筐放在地上。

夏尔巴人都上前将他围住，热切地向他询问。很快，那些夏尔巴人又各自散开，一切又归于平静。

那个搬工朝我们的方向走来。"英国探险队？英国人？"他说着不标准的英语，"卢卡拉来的电话，好长的路程。英国人，两天之后。"他从篮筐里拿出一个小盒子，外面还包了一层塑料膜，冲着我们笑，好像他知道这件东西对于我们来说有多么重要。

我们自己的卫星电话在数周之前早已在纳木切集市上神奇地爆

掉了，我们跟家人的通信次数只能降到最低程度。借用迈克的电话也引起了不小的摩擦，况且要经常性用的话，足够负担一幢房子那么多钱了，因而，我们想给家人通话的想法也大大减小。终于，英国电信给我们换的新电话送到了。乔很自豪地在我们面前展示，这是她发邮件争取来的，不过，当电话送到的时候，她真不敢相信自己的眼睛。

乔的继任通信官艾德·布兰特一路上带着它，进山之后就让从卢卡拉来的送信人先把它带上大本营，那个搬工只花了四天就将它送到了。现在，那个搬工裹着一条毯子，和一群夏尔巴人坐在一起一边聊天一边大口喝奶茶。艾德还在山谷里前往大本营的路上。之后，我们和家人的通信又频繁起来。

现在，大部分的登山队已经回到大本营了。参加我们的启程派对的人中，只差那素和艾格瓦了，我们要等他俩从三号营地回来。

杰弗里和珠峰队的其他几个人，卡拉、格雷厄姆、艾伦，还有迈克都成功到了三号营地，但斯加特没有再回大本营。他认定自己的脚伤已经影响他继续往上走，并且，他已经亲身体会了这片山脉的险恶并目睹了她的绝美，他不打算再冒险走下去。从三号营地再往上，又是另一个完全不同的世界。那里是一个体能和运气兼备的人才可能到达的世界。斯加特决定不再继续下去。不管怎样，他已经做得非常好了。

亨利也已经到过二号营地了，他也决定不再继续往上。他会在二号营地，或者大本营支持登顶的队伍。从现在开始，大本营又忙于给一群饥饿疲乏不堪的男男女女准备餐食了。

现在，我们基本上每天都可以收到来自英国布莱克内尔的准确的天气预报。我们用500美元的价格，可以最及时地获悉世界上任何一个地方的天气状况，因为最及时的气候信息就是在这里收集的。遍布世界各地的卫星和气象中心将收集来的天气信息都汇集到位于布莱克内尔的基地，只要支付一定的费用，我们就可以使用这些信息。

在高山上，我们的命运非常依赖这些天气预报的准确程度，被意外地困在山里处境相当危险的。来自布莱克内尔的天气资讯可以预报不同海拔的风速和风力情况，可以精确到四五节。这些信息非常珍贵，但同时，任何一种预报都只是预测。三个星期之后，内尔和我在前往峰顶的路上遭遇到了50节的强风，而天气预报并没有预告出这种情况，如果我们知道那天风力会这么大的话，情况会非常不一样，大家肯定会再小心一点。

如果在峰顶的射流带来的风速度超过每小时200英里，任何登顶尝试都会是徒劳。在大本营的一个安静的夜晚，我们可以躺在帐篷里，听头顶几千英尺之上风狂卷的声音，那些声音听起来似乎可以撼动这整片山。

从现在开始，我们在等待季候风的来临。季候风将把雪吹起，把喜马拉雅山变成一座冒烟的火山，这个时候，山顶会变得相当平静。

不过现在，只靠耳朵听就能知道山上的风相当强烈。我们一边在大本营等待，一边让自己更加忙碌起来，还有很多事情等着做呢。

我们反复测试了氧气罐才清楚了这种俄罗斯制造的氧气调节器的各种流率——公式是要用心学的。在这么高海拔的地方，你可不会有多余的时间做算术题，因为你的大脑会运转变慢，即使是简单的加法都不会做。何况我原来就一直不擅长算术。

这1,500升的氧气罐里,每分钟2.5升的流速只能维持十小时多一点,还是算十小时吧,这样更安全。那些橘色的小一点的罐子也只能维持五六个小时。不同的氧气调节器以不同的方式接入氧气罐。我们已经尝试过戴着露指手套在黑暗的环境下操作它们,这很可能会救我们一命。我们大家在脏帐篷不断地重复练习这些动作。对米克、内尔还有杰弗里来说,看着我蒙着眼睛笨手笨脚地把东西掉在地上,称得上是难得的娱乐。不过,很快就轮到他们了。在现在还弥补得过来的时候,把该犯的错误都犯一遍,我们都很清楚这一点。

最初的几天时间过得相当快。一个早上,我们在那看两个尼泊尔搬工往桶里装人的粪便,这些粪便背到村子里可以换到不错的卢比。他们笑着将这些粪便装进桶里背上,这些都是不错的肥料。看他们,已经乐到天上了。

离开之前,这两个尼泊尔人和周围的夏尔巴人相互开着玩笑,拥抱,然后又按夏尔巴的方式握手,喝茶。他们的手可一次都没洗过呢。不过,真是来也匆匆,去也匆匆呀。这是夏尔巴的一种传统。这两个便便搬运工(我们这么称呼他们),载着他们珍贵的货物往下山的方向走去,很快就消失在冰川的岩石之间。我怀疑他们经过尼泊尔国家公园警察局的时候会不会遇到问题,盘问他们的袋子里是否有偷运什么东西。

那天整个下午,我们都在玩内尔提议的史上最激烈的"扔石头"比赛。时间过了多长,我们就玩了多久。中间我们还玩了单腿排球,球是用胶带将一捆纸板缠在一起。艾伦经过我们的时候,奇怪地看着我们玩闹。他不明白,更不能把将要面临危险的我们和现在的场面联系起来。他觉得这是一种不专业的表现。对于我们来说，现在最需要的就是尽可能地释放眼下的压力，仅此而已。

那天晚上，电台播报了一个相当相当严重的消息，一瞬间，白天的欢乐烟消云散。有人被困在山里了。

"我重复一遍，我看见在距离洛子冰面站四分之三的地方有个人，我重复一遍，营地。"电台里，一名在二号营地的新加坡队员的声音听起来很忧虑。

"这里已经开始天黑了，我们不知道那上面的人是谁，如果他再不往前走，就会没时间了。"

之后的两个小时的时间里，电台里不断发出噼啪的声音，大家都试图搞清楚发生了什么事情。随着黑夜降临，从二号营地已经看不到那个身影。气温开始下降，风也劲起来。在24,000英尺的高度那样的环境下，如果不继续走，没有人可以活下来。在大本营的我们只能听着，默默地为之祷告。我们上到过洛子冰面，知道那里是怎样的环境。但是，那个登山者究竟在那干什么呢？

现在，三号营地上只有美国登山队，还有那素和艾格瓦，那个人只可能是他们中间的一个。

那素和艾格瓦回答了我们的电台呼叫，他们都很安全。但是，美国队没有。在夜里10点左右，他们终于回答了。

"我们队的吉姆·曼利不见了。谁有他的消息吗？"疲惫的声音从洛子冰面上他们摇曳不安的帐篷里传来。

接着，一个愤怒的声音传来："为什么他们拖到现在才答复？为什么他们直到现在才通知大家一名队员不见了？"这些美国人没有回答。稀薄的空气已经让他们说话都很难。

"曼利究竟在哪里？"格雷厄姆直截了当。他愤怒地抓起收音机，质问起此时身在7,000英尺之上的美国队。

"你们现在就去把他找回来，现在。"格雷厄姆继续说。

但是他们不能够，他们已经太过疲惫，在这种环境下，他们做不了任何事情。

"我们以为吉姆从冰面上返回了。在现在这种环境下去找人太危险了。"那头的声音争论到，"我们中间没有一个人可以在外面的风雪里活下来。我们的体力已经透支了。你们从二号营地可以看见什么吗？"

风雪和黑暗之中，看不见任何身影——吉姆·曼利的身影。于是，注意力又转移到那素和艾格瓦身上。他们俩的体能还有保存，毕竟之前来三号营地度过了一晚，他们必须亲自去搜救吉姆。

"那素，还有艾格瓦，听着，吉姆可能还在原地。如果他回来了那就没事了，但是我们不知道。现在，有一种很危险的可能性是，他出现了严重的水肿，或者是失去意识了。我们需要你们下去帮助他。你们俩的状态现在可以完成吗？"格雷厄姆的语气非常坚定，之后是一阵很长的停顿。

"已收到。我们会尽力而为。"

20分钟后，他们从帐篷出发，走进暴风雪里。一个小时之后，电台里传来那素的声音。大家都迅速围过来，希望听到他们找到吉姆活着的消息。没有人说话。

"没有迹象，大本营，没有看见吉姆，我重复，没有迹象。"可以听见那素在狂风中大声喊话。然后，信号断了。

那素和艾格瓦在暴风中继续下山，往二号营地走。大家开始慢慢理清究竟发生了什么事情。吉姆肯定已经摔落下去有一段时间了，很可能是因为风雪导致他没有看清路。

那素和艾格瓦回到二号营地的时候，整座山似乎都清醒了。他们已经做到了他们所能做的，一路上的消耗致使他们此刻疲惫不堪地倒在帐篷里。虽然是午夜，没有人愿意去睡觉，但是等在这里又有什么意义呢。

"大本营，收到了吗？"电台里传来一个微弱的声音。顿时所有人都聚集到收音机边来。

"大本营，"声音又再次响起，"这里是吉姆。收到了吗？"

电台里顿时炸开了锅。

原来，当时吉姆根本没有力气继续沿着绳子往前走。他只能靠护具挂在绳子上的力量勉强支撑着自己，任凭绳子带动他的身体起伏，他实在没有多余的力气动一下。

最后，他费尽力气挪动，看到前方右边有一顶帐篷，是其他队伍留下来为之后登顶做准备的。他拖着身体爬了进去，关掉电台，和着衣服睡着了。一直到夜里12点半，他才又醒来拨通了大本营的电话。大家都忍不住生气，这个电话实在是来得太迟。

就在他睡觉的时候，那素和艾格瓦正冒着生命危险在暴风雪中找他。他们肯定经过了那顶帐篷的附近，一路上，他们疲惫又心急如焚，一直走回营地报告大家没能找到曼利，所有人都以为最坏的事情发生了。

第二天早晨，昨晚疲惫不堪的美国队不断地向大家道歉，吉姆也是。那素和艾格瓦已回到了大本营。那些道歉一听到就让人生气。没有人在意道歉——来得太迟了。这件事就这么过去了。没人责怪吉姆。登山就是这样，意外不断。不过，这次的意外是火苗，点燃了大家酝酿已久的紧张情绪。大本营的居民们，慢慢变成一群焦虑易怒的人。我们已经在这等待两个多月了，大家开始出现更多的情绪波动和消极表现。

乔两天之后就要离开大本营了，她和我们相处的时光很快就要走到尾声。按照预定的安排，她会在5月中旬参加她妹妹的婚礼。斯加特也会陪她一起去。斯加特继续留在这片山里也做不了更多事情。没有斯加特在这里，没有他的专业医疗经验对我们来说的确是个遗憾。内尔的朋友艾德·布兰特将会接替乔的工作。登山者身上所承受的压力使大本营本来就非常艰苦的生活更加艰难，不过，乔经受住了考验。乔从一开始就和我们并肩作战，她未必那么心甘情愿地离开，不过现在，在这个关键时刻，她必须离开。她的脸上已经说出了一切。

"我真希望能在这里见证你们最重要的时刻。你们还在这等着射流风，我却不得不打包离开，这种感觉实在太糟糕了。我明白你们的心情。"在这里的最后一晚，我们大家坐到一起，乔这么告诉我们。我知道，不到一个星期，乔就可以回到她在诺福克的家，跟她家人在一起喝茶聊天，而珠穆朗玛峰也将变成一段回忆而已。虽然我们内心也会希望回家，但是雄心壮志把我们像犯人一样死死地囚禁在这里，等待最后的胜负之战。我有种被困住的感觉。"你不会有问题的，我相信你！"乔说。但是，她怎么会知道，她从来没有去过大本营以上的地方，根本不清楚大本营的云层之上，那片冰雪之地是怎样的一番景象。但是，我真心希望相信她。乔是大本营里所有人的朋友，我们都会想念她的。

乔走的时候，我没有同她告别，而是坐在我的帐篷里，专注于接下来将要面对的事情。一个新的阶段就要来临。

5月，艾德·布兰特到大本营的第一周，大家公认的是，他的脸长得不如乔好看。作为通讯官，在我们挑战山顶的最后阶段要保证队伍成员的交流通畅，这个任务非常重要。大本营的公共帐篷已经很破旧，艾德将会在这里度过许多个不眠之夜，随时为我们的呼叫待命。尽管艾德的长相不如乔，没有人应该为此抱怨，在这样的地方待久了，谁的脸会好看呢。谁都不知道珠峰最后出的一手牌会是什么，这也是我们最害怕的事情。

艾德带来了我们的"ESLS"——我们的"情绪支撑信件"。当他把信拿给我们四个人时，我们抓起各自的信就往帐篷跑。接下来的两个小时里，每个人都在细细地一遍又一遍地读着来自家里的字迹语句，大本营异常安静。信里面，我们每个人都被夸赞了成百上千遍，我也难掩心里的骄傲。妹妹娜拉，爸爸妈妈，我爷爷，还有莎拉，他们每个人写下的字迹，仔细密封的信封，还有信纸上带着淡淡的香气，都让我思念他们不已。

致我的宝贝儿子：

我们都非常想念你，也一直在为你祈祷。上帝一直在保佑你，我真是等不及想听到你的好消息。

海森斯和怀尔莱特这两只小猪长得非常快，现在甚至很听话地和我们一起散步。我们也给山姆和伊莎贝拉在农场的角落新修了一个鸭池，它们俩很喜欢在里面游泳。伊莎贝拉的一只脚被海森斯弄折了，我们花了好大的价钱请兽医给它治疗。爸爸建议把伊莎贝拉打死做晚餐这样更划算，不过，它最近刚刚下了五个蛋，我希望它还能多产几个。

爱你的，妈妈

爸爸则更愿意说些实在的事情：

贝尔，一定要量力而为。回头，不管是什么原因，都没什么丢脸的。你已经走了这么远，目睹了世界上大部分人都未曾目睹的景象，我们都相当为你骄傲，你是我们最最好的唯一的儿子。

上帝保佑，爸爸

一般在最后登顶前都会回到大本营以下低海拔的地区进行调整。更高的氧含量能帮助人体更好地睡眠和恢复体能，这样，在登山过程中，身体才能更有效地工作。

现在，我们所有人都已经下山了，万事俱备，只欠天气了。大家还在为下不下山休整而争论。一方面，下山可以让身体得到更充足的休息，另一方面下山会面临感染牦牛带来的传染病的危险。并且，如果走得太远的话，很可能会错过射流到来的最佳时机。十年之前，安迪曾经因为下山太远，射流到来时无法赶回来。他一直在警醒我们。我们四个必须各自做出决定。

内尔和杰弗里宣布他们俩会到距离大本营六个小时的定波切村庄休整，而米克和我决定留下来，我们担心会错过机会。如果我们早知道会等上三个星期那么长的时间，我们也回村子里去了。

所以，我们俩留在了大本营。帐篷里，这片18平方英尺的空间现在就是我们的家。这里，有家人写来的信件，有和家人有关的各种小物件。这些都是我们的精神支柱，不愿放手。我还把从怀特岛海滩边捡来的贝壳挂在我的帐篷顶上。莎拉在信里写下了我原来还在部队的时候就最喜欢的一句话："一定要记住，我会陪伴你一直到这个世界的尽头。"每次临睡前，我都会读一遍。我喜欢我在大本营的"家"。

日记，5月7日：

再一次又只有米克和我——等待，给了我们更多时间思考，不过，同时也感到害怕。等待的时间实在太长了。

你甚至找不到一个合理的方式发泄一下。在家里，你可以倒立、跑步、游泳，但是，在这里，多余的运动都可能导致受伤，影响最后的冲刺。除了等待，剩下可以做的就是对周围的人保持尽可能的友好了。

我们都已经做足了准备。我从前一点也不敢相信，不过现在，它正在真实地发生。我们的所有装备都已准备完毕，就等出发的号令。护具也仔细检查过了，并且很小心地摆放好。我们也可以在闭眼的情况下找对路。我们可以戴着无指手套在数秒钟内打好绳结，鞋底钉在任何情况下都可以牢牢抓住地面。我们现在可以做的，只有等待，等待一个机会让我们这些日子以来的所有准备得到一个结果。

但是，在这里，付出未必有收获。我知道，对最终成功与否产生影响的不是我能在最短多少时间内打多少个节，而是取决于我的心有多坚定——我究竟有多想要得到它，我能够在上面坚持多久。精神和毅力支撑着最后的路程，我祈祷自己能够做到。

伊纳里昨天已经启程前往洛子峰了，在西班牙语里面，他们说"posicuela"，就是早起的鸟儿。他现在应该到二号营地准备向登顶出发。我希望他能一切好运。他清楚现在上山并不是最佳时机，但是，他也非常思念家人。如果有人可能在这样的条件下成功上去的话，那一定是伊纳里。明天晚上他就能知道究竟能不能上去了。

第二天晚上电台里传来声音："伊纳里回大本营了。我已经开始返回。风太大了，我已经踩到很深的积雪，没有办法继续前进。我决定回家了。"电台里，他的声音听起来疲惫又不清晰，他现在应该是在三号营地再往上一点的位置。他已经非常勇敢地独自挑战洛子峰，但是，路途实在是艰难，从前一天夜里11点开始一直到现在，他已经耗尽力气。

三天之后，他又再次尝试，洛子峰再一次阻止了他的步伐。锋利的风和强烈的阳光让他几乎看不清路。这和多年之前他在登珠峰时遇到的情况非常相似，他跌跌撞撞地从洛子面上下来，戴着护目镜几乎已经看不清任何东西，必须尽快返回二号营地休息。

回到二号营地之后，伊纳里知道这次登山对他来说已经结束了。在两次英勇的独自尝试之后，他将返回西班牙，回到他的新娘身边。我们大家都非常敬佩伊纳里的尝试。

登山的时候，特别是在攀登珠峰的时候，耐心至关重要。这也是珠峰的登山者年龄偏长的原因之一。在这场能与不能的游戏里，决定完全取决于山峰，我们不过是里面的小角色而已。夏尔巴人说山神是在展示他的骄傲和自大，如果真是这样的话，他的骄傲和自大可真能杀死人。我们知道，我们可以做的只有等和祈祷时机的到来。

我想起在《小熊维尼》里面，伊尔总是很忧郁担心的样子，猫头鹰总是在沉思，只有维尼，不管发生了什么事情，该干啥还干啥。我们都需要学会这一点，学会为现状感到满足。但是，在这里干坐着,实在非常难受。

攀登珠峰所付出的代价远远超过我的想象。而那些在我们返回英国之后遇见的人只关心我们有没有登顶。对于媒体,对于那些不了解这个过程的人来说,登顶是唯一的问题。事实上有太多比这更重要的事情。在等待的那些分分秒秒里,我回想起在家乡训练时的那么多个日日夜夜;想起抢在别人之前跑到山谷里爬上爬下;想起自己从冰瀑上跌落后毫发无损,内心的后怕,还有第一次到达三号营地时的狂喜。但是,这些,甚至没有人问起。他们唯一的问题就是"你有没有走到山顶?",似乎这么多个星期以来的担惊受怕、恶劣环境都不足挂齿,他们关心的只有顶峰而已。

经过三天的休整后,内尔和杰弗里很快就回来了。对我们来说,一切照常,我们还是待在自己的帐篷里。我穿着那条厨师裤,戴着我的粗呢帽。米克还穿着他的牛仔裤。我们俩这些天只是吃喝休息做白日梦。真希望当时我们和内尔、杰弗里一起下山了。他们俩看起来休息得不错,更何况,没错过任何东西。我真嫉妒他们俩。

现在我可以定期给家里打电话,这是我们在这里的唯一安慰。我没有特别想说的,除了思念,尽快回家和他们团聚这一个念头。内尔和米克每次则相当无人性地拿我们的对话开涮。

"贝尔,你瞧瞧,不必每次给家里打电话把每只动物都问一遍好吧?如果它们不好的话我保证你爸妈肯定会告诉你的。我的意思是,你知道自己在电话里关心那头驴坏奥利怎么样,鸭子山姆和伊莎贝拉怎么样,这些花了你多少英镑呀?太可笑了。"内尔老这么跟我开玩笑。

但是,我喜欢听到这些,这让我开心呀。

我也和SSAFA(英国陆海空三军士兵及家属协会)通了电话。他们是我的赞助者里唯一提到我已经被邀请到白金汉宫接受青年成就奖的授予仪式，我为此感到很荣幸，但同时，又觉得像是被骗了。我还没有登顶呢。他们明不明白我现在和山顶之间的距离就像横跨了一个大西洋呢？可是没有人在乎这一点。

我给一些住在多塞特附近的朋友也打了电话。一位非常受人喜爱的陆军上校，接了我的电话。

"你好，上校，早上好，我是贝尔。"我嘟囔了一句。

"嘿，是贝尔从珠穆朗玛峰打来的电话。快过来！"

"呃，不是的，上校，我在大本营。我们还在等风来，我不是在……"我试图跟他解释。

"太了不起了，贝尔，祝贺你。山顶上……孩子。"他打断了我。

他拒绝相信我是在大本营。毕竟，我已经离开家超过两个月了——我不可能还在大本营上。但是，我的的确确在这，而且，还从未到达过山顶。我感到自己毫无退路了。

六个月之后，我回到英国已经有一段时间了。一天我收到了上校给我的电话留言。我给他从珠峰山顶上带回来了一块石头，并且在石头上刻着："主的荣耀在此闪耀。"几周以前，上校突然被诊断出已经是癌症晚期。电话里，他的声音听起来很虚弱颤抖，他只是简单地说："谢谢你，贝尔，给我带来这块石头，我从心底里感谢你。"当我听到这段留言的时候，上校已经不在人世。我忍不住在家里哭了。一位真正的绅士现在已经去了天堂。

米克和我决定离开大本营一天时间。我们在这待了差不多十天了，想出去活动一下。我们打包好，往山谷下方走，打算去寻找一个据说存在的意大利研究站,并且坊间传言那里有匹萨和意大利面。出发的时候我们俩兴致都很高。

我们这趟探索之旅全程花了十个小时,其中有九个小时都是在走路,然后就回来了。那个所谓的意大利研究站不过是一个小木屋,里面放着通心粉和火腿片。我们应该多调研一下的。火腿片,真是难以避免,走到哪里都是。在大本营里,每天提供给我们的餐食都有火腿片,难道这些人不知道这种东西在英国是被禁止的吗?我们早该想到,实验站这类的地方正是臭名昭著的罐头肉制造地。我们吃了两口就返回了,差不多在快天黑的时候才回到大本营,一路上说说笑笑,又得到了锻炼。"狡猾的意大利人。"这是我们得到的结论。

天气情况还是很糟糕,并且预报说可能更差劲。我们摇了摇头,这实在是太可笑了。忍不住怀疑今年的情形又会像上次一样——1997年秋天,登山者的足迹还未踏上过珠穆朗玛峰,因为天气不允许。米克和我本打算第二天要不要下山放松一下,但是,却等来了一个不幸的消息。

一个夏尔巴人冲进帐篷,看上去相当害怕和紧张。他快速地说:"死人了。高海拔病。他死了。"话语不太清晰,大家都仔细地听着。

死者是一个日本徒步跋涉者。他随一群人一起往大本营走。所有人都没有意识到他高原反应的严重程度。这是他所犯下的最后一个也是最严重的一个错误。到当天下午晚些时候,他已经处于肺水肿的最后阶段。他的肺里开始充满液体,呼吸变得越来越困难。当天夜里,这名日本徒步跋涉者死于心脏病突发,并且伴随肺窒息。

在17,000英尺海拔,已经出现了第一个受害者。

死者的尸体需要被装进篮子里送到山下,然后由直升飞机带出去。尸体现在已经变得很僵硬,无法弯曲,唯一的办法就是用力将其扭成一团,然后从脊柱处折断硬塞进去。

这震惊了我们所有在大本营的人。虽然我们根本不认识这个人,但他也有自己的家人。如果能早一点诊断出症状,悲剧完全可以避免,这实在是无谓的浪费生命。

在定波切这个小村庄里,有个很小的木屋,被命名为"喜马拉雅救援协会"。那些来自西方世界的医生们在这里工作,研究高海拔对人体的影响。他们都是一群志愿者,在山上停留三个月时间进行相关研究。每天,他们都会向来山上进行徒步跋涉的人讲解高山反应、肺水肿、脑水肿的症状。这些日本人显然没有去听这个讲解,才可能发生这次致命的错误。

在前往大本营之前,我们已经多次和那里的医生有过交流,和他们沟通我们的攀登计划。医生们给我们提出了很好的意见,我们也都会认真倾听。他们还会给我们测血液中的氧含量,量脉搏和血压。

他们会警告徒步者走得太高太快的危险,尽管不同的人身体的适应性和反应不同,但症状基本都是一样的。严重的昏迷、头痛、呕吐,并且呼吸困难,这些都意味着,你该下山了。就是这么简单。下降1,000英尺很可能是生和死的差别,对此我们都应该相当清楚。

肺水肿会影响到肺的正常运作。在缺氧的情况下,肺部毛细血管会扩张,然后肺腔里会被血液充满。最终,人会死于窒息。脑水肿也会影响到大脑。大脑缺氧会导致严重的瞌睡,并且伴有灼烧感的偏头痛。这会致使大脑通过吸收更多血液的方式来获取氧气,如此持续，大脑最终会被血液充满，然后死亡。

如果没有被诊断出来，这些症状可以在数小时内置人于死地，更别提身处这么高的海拔。因为已经目睹了后果的严重性，我们对这个问题相当重视。

日记，5月10日：

一想到这个可怜的人的遭遇，我就很害怕。他在大本营400英尺以下的地方因为高海拔反应丧命，而我们正在这里准备向大本营以上12,000英尺海拔高的地方进发。这听起来相当疯狂。

明天我就要离开大本营，现在，脑子里真的很乱，我需要一点空间。预告的暴风雪很快就会过来，现在还不到往上爬的时候。我打算下到定波切休息一阵，吃点不是火腿片做的东西，然后好好睡一觉。我实在需要远离这些东西休息一阵。我为这名死去的日本人的灵魂祷告。

Bear Grylls

A special trip to climb mount Everest

13 求求你，别扔下我一个人

运气和勇气总是相伴左右。当你拥有运气时,你就会有勇气继续坚持;而你也必须有勇气才能等来运气。

——马里奥·普左

在从大本营往山谷下走的时候，我的胫骨感到一阵疼痛。每走一步，疼痛感就刺穿我的腿，我不自主地缩了一下。我没有把这个事情告诉任何人——我不想让他们知道。

米克、内尔、杰弗里、艾德和我在一起。我们都同意回到 14,000 英尺的定波切做冲刺前的最后休整。对内尔和杰弗里来说，这是他们第二次到大本营以下的地方。在定波切可以保证我们的身体呼吸到足够的氧气，并且还能吃到奶酪鸡蛋卷，这可是额外的吸引。

我胫骨里的疼痛一直没有消除。每次踩在冰川坚硬的岩石上就开始发作。我知道这可能意味着什么。在部队的时候，已经见过太多人受此折磨，甚至导致未来再也无法完成任何运动。我不愿承认心里出现的那个答案。

内侧胫骨应力综合征是小腿前部肌肉严重瘀伤导致的。一般是由于在硬地面进行大负重运动导致，这会使人走路非常痛。我把随身听里的音量调大，想让自己不去想这些，去享受空气里的高氧量，但是我做不到。

我们一到达定波切，我钻进小屋，把行李往里面一扔，就赶紧坐下来揉腿。我必须让双腿尽可能地休息，否则我将不可能再往上爬，对此我毫无选择。

那天晚上，和米克单独坐在我们的小木床里，我把这个秘密告诉了米克。对此，他也帮不上忙。

"贝尔，你需要用布洛芬，用很大。"米克建议到，还把这写在了他的日记里。

布洛芬是部队里最常用的镇痛药，可以消肿消炎。我吃下了米克给的三小片。"谢谢你，米格尔。"

我们在小木屋里待了三天，在新鲜的空气里吃吃东西，休息休息，这正是我想要的。我试着让自己不要去想山上的事情。每天夜里，吃了几片布洛芬之后，我就倒头呼呼大睡。我已经有好几个礼拜没有这样睡过了。这实在是太棒了。每天晚上，我会按摩胫骨半个小时，米克就会陪我一起聊天。我们的话题又会不由自主地回到山上去。

我们在定波切的第二天，天气有些变化。风开始变得很狂野，可以看到云层贴着洛子面上刮过去，这预示着珠穆朗玛峰的一场惩罚很快会过来。这正是我们等待已久的暴风雪。定波切变得很冷并且风很大。而此时，珠穆朗玛峰上，在15,000英尺以上的地方，已经不可想象了。至少，每个人现在都很安全，我这么想着。不知道这次暴风雪会把营地变成什么样子。

第三天，我们返回到大本营。上行的时候，我的腿感觉稍微好点，但是一往下走就疼得不行。感谢上帝，好在登顶的一路都是往上走的，我只好这么安慰自己。我甚至都没想过从山顶下来的路，我知道肯定会非常疼。为了不去想自己的腿伤，我试图把注意力都集中在攀登上。

途经回到大本营之前的最后一片冰川时，正好遇到一队穿越冰川的牦牛队。他们是去送补给的。于是我上前给赶牦牛的尼泊尔妇女帮忙。抓起一根棍子，吆喝这群又大又懒的动物往前走。这让旅途不会那么单调无聊。

"嚯咦，走，走，你们。"我在后面大声吆喝。米克又在笑我。

我刚觉得，这些牦牛已经越来越可爱，又不禁开始计算自己在这片山里待了多长时间了。为了不想这些，我开始给每头牦牛都取名字。多莉是它们里面长得最漂亮的。

大本营一如从前。大家懒散地在帐篷之间走动，手里拿着装有热柠檬水的大马克杯，随意地聊聊天，依旧是很平静的样子。而大部分的人都还在很远以外的大本营之下休息。

我们从亨利那听说，二号营地被前晚上的暴风雪破坏得很厉害，而且三号营地有可能会被毁了。我们都不清楚上面怎样了，所以打算带备用的帐篷上去以防万一。好吧，又有更多东西要带了。

那天夜里，我早早地就去睡觉了。我早就盼着回到我的帐篷里去了。我非常想念它，我的小小的家。但是，我注意到，当我躺下的时候，我有点咳嗽，嗓子也有点干，但并没觉得这是什么大不了的事情。其实，从定波切回来的路上就有点这迹象了。我想只是一点小毛病而已，明天早上应该就会好的，我希望。然后就再也没去想它。

深夜，我在黑暗的帐篷里一顿乱摸，赶紧拉开帐篷拉链，探出身子，开始在冰上狂吐。我躺在冰冷的冰面上，急促地呼吸，头低垂着。这时是凌晨1点。

我待在原地，眼睛寻找着帐篷里透出来的光亮，那一刻，时间仿佛凝固，就像永恒。我感到头痛欲裂，嗓子也像砂纸，每咳一次全身的骨头都在颤抖。

我肯定是在定波切被传染的。"该死，我真不该下去的。"下山好好休息的同时也面临着可能感染疾病的危险，我不幸中招了。我一直躺到天亮，紧闭着眼睛想摆脱偏头痛，却一点儿也不起作用。

我有种预感，天气情况会有所转变。我们在这里已经等待了非常长的时间，大家心里面的不安情绪也开始蔓延。等不到好的天气，已经有人开始冒险尝试。恩纳伊已经尝试过两次，但均以失败告终，而恶劣的天气还在继续。如果这种情况一直持续到季候风的来临，带来冰雪，那时候一切都将结束。我们只能静观其变。

我的身体还在发烧，现在非常虚弱，看上去也是如此。安迪曾经在科娜拉多州当过外科医生助理，他现在接替了斯加特的位置成为我们的队医。他看了我一眼，安静地走到我身边。安迪是我现在唯一愿意说话的人。很快，他诊断出我患的是慢性胸腔感染。

在高海拔地区，最危险的事情就是脱水。由于脱水，人体恢复的过程变得更加缓慢。安迪让我先吃一个疗程红霉素，这种抗生素有助于抵抗感染，但是药效发挥作用需要一段时间。我怀疑自己还有没有这么多时间。

那天早上，我最担心的事情终于发生了。亨利走进帐篷跟大家通报天气情况。大家坐成一团，表情非常坚定，不停地在位置上挪动。所有人都在期待起风这个消息太长时间了。现在，我却很害怕听到。

"好吧，终于有好消息了。看起来我们在19号有机会出去转转了。这次我们有五天的时间到达指定位置。我们需要开始准备了，好吗？"

在这么长时间以来，亨利第一次变得严肃。他对这场游戏再熟悉不过。你该做的不是斗争而是等待。但是，一旦天气明朗，你就必须马上进入状态。我们已经等待了很久，这个消息正是我渴望已久，此刻却非常害怕听到的。

我躺在帐篷里，挣扎着想动一动。即便在阳光下，我也忍不住发抖，身上的关节也在作痛。我吃不下东西，甚至从我的帐篷到去脏帐篷取水的路上，我都不能控制自己不发抖。我现在这个样子，哪儿都去不了。尽管我在脑子里和发烧斗争着，拒绝承认它，但是，事实是显而易见的。我现在根本不可能攀登。我感觉，整件事情就像细沙一般正从我的手指间慢慢流走。随之而来的，只有愤怒。

日记，5月14日：

内尔刚刚过来看望了我。我知道他为什么过来，要跟我说什么。他必须说。

他们明天早上会离开大本营朝山上出发。如果要等我痊愈，至少还需要一周时间，在这里，谁都等不起。我知道他的决定是对的。我告诉他，或许明天早上我状态会有所好转。但是，他看上去并不太相信，他知道我明天上午好不了的。

我们已经在一起完成了很多事情，但是，现在队伍突然要分开。为什么？我就是不知道为什么要这样。

我已经拿出了自己的一切，只为攀登这一次。我们已经在这里好几个星期了，大家都付出了太多，可是现在，我却要看着机会从手里溜走。

我不知道该怎么下笔，脑子里已经乱成了一团糟，心里只有恼怒和不安。请不要这样，请不要让我在这一刻止步。主，请让我赶紧好起来吧。

但是，那天下午，一切没有如我所愿的那样好起来。其他人都进行上山前的准备，我流着汗，躺在自己的帐篷里。我给我妹妹打了个电话，其实并没有什么想说的，只是想听听她的声音而已。我太想她了。

"答应我，你现在这种状态一定不要上去，答应我，贝尔。别做傻事。你知道会发生什么事情，对吗？"娜拉的语气里流露出深深的不安。她是对的。通常来说，登山者在身体状况不佳的情况下强行登山是登山死亡中最常见的一种原因。他们越往上爬，身体机能就越差。1996年，登山者斯加特·费舍尔就是死于这个原因。尽管当时他在山上服用了抗生素，体质还是很虚弱。人体可以承受的范围有限，三号营地的高度已经超越了人体可以承载的极限。最后，斯加特死了。娜拉要我再次答应她不会贸然行动。我感觉自己离当初对梦想的承诺越来越远。

我转而把怒气抛给上帝。之前一切都非常顺利，但是，顷刻间，一切就将毁于一旦。也许，上帝从来都没有和我同在。我感到失落。已经有差不多十年时间，我没有像这般沮丧过，连自己也不知道为什么。我把上帝从脑子里推开，想着"即使没有他，今晚我也会恢复的"。

我躺在自己那18平方英尺的帐篷里，突然，某个东西出现在我脑子。这个念头上一次出现还是五年以前——我的叔祖父亚瑟死的时候。他生前曾是一名海军随军牧师。亚瑟有七个兄弟，其中五个活了下来，一个在16岁时在学校死于细菌感染，另外一个则在战争中被枪打死了。那些现在还活着的兄弟们都已经在75岁以上了。亚瑟临死之前，他躺在病榻上轻声跟我的祖父说了几句，后来，祖父把他的话告诉了我，我再也没有忘记。

亚瑟的话非常简单："如果你忘记一切，也一定要记住一件事情。一旦上帝离开，一切事情都会结束。不要让你的信念离开你。答应我。"

亚瑟的话一直在我脑海里打转。我忍不住大声说出来："不会的，我答应你。"

我大概平静地睡了一个小时，又醒了。我想着，这一切不会这么平白无故地发生，一定是有什么目的。

对我来说，那个夜晚是整个远征之旅里最漫长的一个晚上。我的衣服很干燥，这让我感到安全，朋友们都在身边，我却第一次有一种非常孤独的感觉。再过几个小时，内尔、米克，还有艾伦和卡拉就会离开大本营进行六个多月以来第一次向珠穆朗玛峰顶进发的尝试，我却不在其中。我太虚弱，无法在山上支撑下去，成了整个队伍的累赘。去或者不去，这已经不是我需要做的决定，内尔和亨利已经替我做了决定。我躺在帐篷里，只有深深的孤独陪伴。我不想睡过去。

亨利坚持让杰弗里也留下。格雷厄姆、迈克，还有珠峰登山队剩下的其他人都在发烧。我们三个人和杰弗里组成了一支登山预备队。现在的安排必须是这样，因为我们三个都在生病，如果杰弗里第一批出发的话，两队的人数将会不平衡。理论上说，山上的供给足够维持四个人的日常消耗，如果是五个人的话，留给预备队的补给就会变少。杰弗里被留下来加入我们的预备队，如果我们这支队伍还有登山的机会的话，对此，我非常怀疑。

今天早上，洛子峰队也准备出发。前一天晚上，那素、安迪、艾格瓦都已经进入状态。他们都吃好了早早地回帐篷里休息去了。今天对他们来说也相当重要。

可是，我感到自己不再是这支精英队伍里的一员。之前一直稳稳落地，却摔倒在最后一根跨栏前。我不敢想米克和内尔在几个小时之后离开，我却不在他们之中。我第一次不惧怕离开，反而开始害怕待在这里。

早上5点，我听到米克的帐篷里有窸窸窣窣的声音。今天早上，他不会听到"早安，米格尔"。我记得米克的妈妈跟我说，只要米克和我在一起，一切都会顺利。这些话一直在我脑子里回响。由于发烧，我突然一阵恶心，我硬是把它压下去没让自己吐出来。除了待在这里，我没有其他选择。十分钟之后，在晨暮的寒风中，内尔和米克穿上护具，压低了声音交流着。我想象着，他们会像往常一样抬头望望天空，然后才出发。清晨的时候，天空总是非常干净清新。我可以听见他们隔着手套拍手，以便让手掌暖和起来。已经在一起完成这么多遍相同的动作，我太清楚不过了。他们很快就要出发。现在，正是日出之前最冷的时候。

我刚坐起身来，脑袋里又开始晕晕地旋转。我忍不住咒骂了一句。米克和内尔都凑到我帐篷外向我道别，我却不知道该怎么回应。

"小心一点，伙计们，一定要小心。"我看着他们的眼睛，"要理智地做决定，好吗？如果上面情况很糟的话就下来。这片山哪儿也去不了的。"我说着这些话，就好像云朵一样吐出它们。他们都很清楚，我是有多么嫉妒他们。

米克蹲下身子，抓住我的手，"你知道你应该待在这里的，对吗？我们会一起上去的，好吗？"他很平静地说出这些话。

是，我知道，我心中默念。

5点35分，他们四个开始出发，我可以听见帐篷外靴子缓缓踏过岩石，朝冰瀑前进的声音。很快，声音越来越弱。剩下的，只有风扫过冰川表面的声音。我又重新躺下，我的帐篷里从来没有像现在这样让我感到冰冷。

收音机里，电台突然响了。艾德急急忙忙地跑到公共帐篷里，同时到达的还有亨利。他们抓起耳机。

"再说一遍，结束。"亨利以不容置疑的语气下命令。

"亨利，这是安迪。内尔昏迷了。"

我可以从我的帐篷里听到他们的话。

"我和他在一起，现在内尔没事儿了，但是我还是很担心。"安迪补充道。

进入冰瀑仅仅两个小时，内尔已经开始出现晕厥。十分钟后，他的身体突然支撑不住，从绳子上摔落下来。五分钟内，内尔已经摔落了两次，连他自己也不清楚原因。于是他们向大本营通报了情况，停下来休息了一阵，让内尔喝了些水，十分钟后，继续前进。

到早上8点半，队伍已经安全到达一号营地。他们让内尔待在帐篷里，一边烧水，一边讨论接下来该怎么办。安迪和亨利在电台里飞快地交谈。内尔应该下来，他不应该在这个时候昏厥。

内尔拿过电话，"听着，我很好，我只是出现了一点脱水，并且有点紧张，可能我给自己的压力有点大。事情就是这样。我现在感觉很好，上去一点问题都没有。并且在上面还能喝到面包师的汤。我可不能错过。"虽然内尔这么说，但他并不那么自信。

内心深处，他知道自己应该下来。当身体没有充分准备好贸然前进，后果很可能是致命的。但是，内尔不准备放弃。这个决定相当冒险，他已经打定主意赌一把。我们都希望他想要登顶的愿望不致影响到他对情况的判断。我也说不清他这样做究竟是勇敢还是愚蠢，或者说两者在某种情况下出现了交汇，我不知道。我知道的是，内尔会做出正确的决定。我们相信他的判断。他决定继续向上。我们都清楚这意味着什么。内尔不打算放弃。

日记，5月16日，下午1点半：

大本营变得沉默起来。在此之前，我从来没有待在后方，这里，现在，空得出奇。帐篷都被严实地拉上了，没有哼唱声，没有笑声，仿佛这里是一座鬼城。只听见格雷厄姆、迈克和我的咳嗽声时而打破这片宁静。

吃中饭的时候，我们都沉默地坐着。他们俩看起来还很虚弱。我觉得自己比他们俩强壮一点，并且已经在好转中，但是，我并不是很有信心。显然我们三个不像广告上经常演的"山林里的健康生活方式"。我们现在都很瘦、虚弱，像一堆正在腐烂的肉体。我们缓慢地挪着步子去把水杯灌满，然后各自回帐篷躺下。我讨厌这样的自己。我可以听见迈克在他的帐篷里呻吟，没有什么事情比这更令人沮丧的了，我非常理解迈克现在的感受。我也会呻吟，但仅仅是在心里。

今天早上，为了打发时间，我试着计算这次远征米克和我一起吃过多少顿饭，这样，我可以不去想米克现在爬得有多高了。我算出来，到现在我们一起吃了264顿饭。难怪今早没有他在，总是感觉怪怪的。我开始想念米克了。我告诉其他人我的算术，大家都会心一笑。

我只是祈祷，不要有任何意外发生。队伍里已经出现了一些不顺利的征兆，内尔不应该突然出现昏厥。但是，我想我们所有人都可能面临这种情况，在山上的时间越长，我越有这种感觉。已经没有借口假装勇敢。

我继续写了我们在尼泊尔的第三天，我曾为米克的安全担心。但是，我从没有像现在这样担心他的安危，我为他的安全祈祷。

这好像是一种奇怪的预言。

当天晚些时候，我感觉好了一些。那天晚上，我睡得很熟，抗生素起作用了。虽然喉咙还是很痛，咳嗽还是很严重，但痰干净多了。我现在一走路还是会咳得很厉害，并且一咳嗽身上骨头就痛。但是，不知为何，我心底相信，我正在慢慢好转。

第二天的天气预报带来了非常不好的消息。我们收到了有飓风正向珠穆朗玛峰靠近的严重警告，消息称，这股飓风将会形成台风，预计将在21号或者22号之间到达。他们没剩多少时间了。如果是21号，那么他们需要在四天之内返回。如果不幸台风提前到达的话，他们将没剩多少时间了。

这股台风预计会带来五英尺厚的大雪，这将让山上的路变得寸步难行。用亨利的话说，任何被困在上面的人都将"无法营救，成为大雪的囊中之物"。米克和内尔目前的行程已经非常满当了。当天晚些时候，他们在二号营地寻找对策。如果是21号，时间刚刚够，虽然很冒险，但所有的安排都是计算好的。原本打算在向更高处进发前在二号营地先休息一天，目前看来，已经没有时间了。台风正在逼近。

当天下午，我做出了一个非常艰难决定。我告诉亨利，我已经完全康复，希望马上出发。

"这是干什么，贝尔？台风就要来了，就是这样。我知道这很令人失望，但这是游戏规则。"亨利坚定不移地说。

"不，亨利，不是这样的。"我反驳道。

"放弃它吧，贝尔，好吗？请你放弃这个念头。"亨利也厌倦了继续这样下去。我们已经在这里待了太长时间。

之后，亨利走过来跟我解释，他并不想这么对我，但是这件事情对每个人都是非常困难的决定，我们必须讨论可能的选择。

"如果你聪明的话，你应该知道，现在除了待在这里，什么事也做不成。我不认为你已经完全恢复了，如果飓风真的过来的话，我们必须马上让所有人尽快撤下山。这个时候上山真的是浪费时间，贝尔。"亨利非常平静地说完。

"不用担心这样是不是在浪费时间，"我说道，"如果，哪怕还有那么一丁点儿的可能性，台风会过去，我也要抓住这个机会上去。如果它要是真的来了，我走到二号营地也只需要五六个小时就够了。我还有充足的时间。"我知道自己这么说有点夸张了。

"还有啊，"我继续殷切地说，"我上去的话可以帮内尔他们拿些东西，至少拿个帐篷啊。"这已经是我可以想到的上山的最好的借口了。这时，我又有点想咳嗽，可是还是强忍着不咳出来。瞧吧，这好像是故意质问我，还没上战场，已经被咳嗽打败了。我的喉咙一直很干，痒得不行。

"好吧，如果这真的是你要的，也没什么坏处。"亨利开始咯咯地笑起来，他看上去准备好干一场，"跟杰弗里一起去，带上两台收音机，帮我联络那些家伙们。你知道，你有时候还是太冲动了，这样是非常危险的。别期待太多。如果台风不来的话，我倒是会惊奇了。你也看到卫星图片了，它正在往这个方向来。"

我拍了拍亨利的肩膀，就赶紧跑出去找杰弗里。如果他知道亨利决定让我们上山，肯定会很开心。杰弗里的耐心已经赢得了第一场战斗。我很期待和他一起攀登。这是这么长时间以来，我第一次如此期待回到冰天雪地之中。

那天下午，我不敢往家里打电话，因为自己已经打破了太多誓言。但是，我又太想和谁说说话。我拨通了我的最好的朋友之一朱迪·桑德兰的电话。朱迪带着她的两个女儿生活在伦敦，我想象着她们在伦敦舒适的家里听到电话铃响起的情景。

"喂？"朱迪轻柔的声音从那头传出。

"朱迪，我是贝尔……是的，我在大本营。朱迪……我们能不能一起祷告？你介意吗？"过去这些年间，我时常给她打电话，几乎每次都是在我遇到困境的时候，每次我们都会一起祷告。但是，这次感觉不太一样，气氛更加严肃。当我们两个在相距如此的遥远的世界两极一起祷告时，我奇怪地感到，仿佛朱迪就在我身边。

清晨，我们即将出发，这也将是我最后一次走入冰瀑，深入那片我曾经在大本营凝望过无数次的地方。70年前，马拉里最后一次向珠峰发起挑战前，他留下过一句话，"我们不应该奢望珠穆朗玛的仁慈。"现今，依旧如此。

我试图让自己不要去想我的家人还有莎拉。我没有给他们打电话。这个时候和他们通话对我来说实在是太艰难。我依旧答应莎拉，等我回去之后，我们要一起到某个非常非常热的地方航海。即使为了这一刻,我也一定要回来。默默想着,我又多了些动力。

我依旧咳嗽,好像19世纪的老烟囱吐着气。我也依旧在吃抗生素,就好像我四岁生日聚会上吃过的聪明豆。尽管如此,我感到自己还活着,我可以看到希望在灼灼闪光,这正是我要抓住的东西。这场风暴必须改变方向,往东去也好,往西去也好,我不在乎,它只要别挡我的道就够了。

5月17日,下午7点25分(我的最后一篇日记):

还有不到十个小时,我们就要出发了。在大本营等待休整的时间终于走到了尽头。但是,我们这场上去胜算全无。我现在差不多恢复了60%,但是,我这次必须上,否则再也没有机会。天气看起来不会有好转了,台风还在往这片来,虽然有诸多不利因素,我还是很兴奋,还是感到很有希望。

我希望伟大的主一直伴我左右。我祈祷他在山上给我庇佑,我祈祷他带来健康。感谢……啊,还有今晚能睡个好觉。

Bear Grylls

A special trip to climb mount Everest

14　这么近，那么远

紧行无好步。

——中国成语

我们俩已经走到冰瀑最上方的边缘。我将岩钉钢环套上我们和一号营地之间的最后一根绳索。此时，正好是早上7点20分，我们还有充足的时间往二号营地前进。我依然咳得很厉害，嘴里全是痰。我朝冰面的阴暗处吐出去，还是污染了，一边心里想着。

我将鞋底钉重重地踩进冰里，身体慢慢往上挪。快到冰瀑边缘的时候，我靠着冰面稍稍停留休息了片刻。突然，我感到脚下的支撑力一下子没了。我从来没有遇到过这种情况，脑子里开始飞速转动，我挣扎着保持身体平衡，双腿就好像陷入果酱里一样，根本无法支撑住我的身体，我只能死死地贴着冰墙表面，心中默念着，"我必须呼吸，慢慢来，放松。"

慢慢地，我又能感知到下面的疼痛感，力量又回来了。我挣扎着爬过最后四英尺的冰墙，一下子瘫倒在平滑的顶端。我晃动着绳子,通知杰弗里开始上来了。他拴上绳子,绳子开始猛地翻动。

我一直没搞清楚,当时究竟发生了什么事情,为什么我会突然失去力量,我的双腿完全不起作用。虽然这没对我造成多少影响,但是,我还是担心一件事情。"如果我爬到最后,同样的事情再次出现,怎么办?"

这片大约40英尺高的冰墙,被简称为"希拉里台阶",是以第一位翻越它的登山者埃德蒙·希拉里爵士的名字命名的。在海拔28,700英尺的高度,可以一直通向南部顶峰。如果可以成功走过这片台阶,距离山顶就只要200米的距离,那里就是世界屋脊。我又想到刚才突然失去力量的事情。我也可能会很接近山顶,但会不会最后没有力气上去。这种想法让我感到害怕,我尽可能不再多想。

在从西谷到二号营地的路上我们慢慢地前行。我注意到自己已经比之前虚弱很多。咳嗽,寒冷的空气,刺激着我的全身。但是,我一遍又一遍地告诉自己,"你会好起来的,你会好起来的。"我相信,但是,仍然感到很痛。

下午3点半,我们终于到达了二号营地。我感到很口渴、头晕。我们坐下,解开腿上装水的袋子,开始喝起来,然后又把冲锋衣拉开,让冷空气灌进来。在这儿的夏尔巴人安和藤巴给我们带来了热柠檬。我是多么想念他们脸上大大的笑容啊。回来真好。

我知道,这个时候,米克和内尔应该在三号营地和四号营地之间的某个位置。他们可能正在开拓本次远征中最新的疆土。我不知道我们是否还能继续往上和他们会合。

我和杰弗里认真研究了路线。这条路线非常险恶,穿越洛子冰面和日内瓦马刺,然后到达位于南坳的四号营地。透过望远镜,夏尔巴人指着那边远远的登山者，看起来就像是一块巨大画布上的小黑点。我筋疲力尽地坐在二号营地，通过望远镜看着上面的人，我一点也不嫉妒他们。我实在是太疲惫了。我倚着帐篷睡着了，一直到下午的阳光暖暖地照过来。有一瞬间，我已经忘记了一切。

现在是夜里11点。我怎么也睡不着。米克和内尔现在随时都可能离开四号营地。他们应该已经穿戴好衣物了。四个大男人挤在一个小帐篷里摸黑穿衣服可不是一件容易的事情，何况还是在26,000英尺高的地方。

他们没有通过电台通知我们出发的事情，我猜他们肯定是太忙了。我想象着现在上面的天气状况，在二号营地，风还是刮得很劲。

在四号营地，情况更加艰难。那天晚上，几乎每个希望挑战峰顶的登山者都到了南坳。在大本营的漫长等待，已经让大家变得焦虑。现在，天气稍有好转，所有人都蜂拥至四号营地。他们经过了三天的攀爬到达这里。1996年的那场灾难就是由于同时试图登顶的人太多而诱发的。现在的情况，出奇的相似。有差不多25个登山者正焦急地在四号营地上等待。

危险首先出现在希拉里台阶上的长时间等待。这一点必须避免。人体不可能在这么寒冷的高海拔环境下坚持太久。并且，没有人带氧气上来，无法支持数小时的等待。一旦离开四号营地，你的命就是跟老天借的，活多久算多久。因此，如果一次登山的人过多，后面的人势必要等待太长时间。内尔和米克都很清楚这一点，因为内尔已经亲眼目睹过后果。所以，他们俩比其他人提前了十分钟离开。

在离开三号营地之前，米克找到了我们之前留下来用来稳固帐篷的冰斧。现在斧头已经被牢牢地冻住了，深埋在雪层下面。米克花了两个小时想把斧头挖出来，但是，还是不得不放弃。要弄破冰层，看起来是不可能的事情。这把斧头算是丢了，不过，正是因为有它在，我们的帐篷才能够在暴风雪的摧残下依然屹立不倒。

暴风雪残酷地袭击了三号营地，好几个帐篷已经被拔地而起，我们从二号营地甚至都能用望远镜看见。这些没了帐篷的队伍只能从下面背新的帐篷上去，这又是对宝贵体力的消耗。在这样的海拔，体能相当珍贵，因为他们已经进入了死亡地带。

在四号营地时，内尔试图帮米克找到什么东西，可以代替米克丢失的冰斧。在这种地方，放眼四望，几乎不可能找到值得找寻的地方。在四号营地四周乱走是相当危险的事情，随时可以变成那堆遇难的登山者中的一员。由于上面的风非常寒冷，必须尽可能缩短待在户外的时间。他们终于找到了一块旧雪尺还有一块木头。这是他们可能找到的所有东西了。尽管不太满意，他们还是在帐篷里把两块东西绑在了一起，凑合着用。

米克的位置是帐篷尾部，他负责烧水。四个大男人挤在一起，还有这么多装备堆在一起，想要烧水几乎不太可能。大家只能都站出去，好腾出一些空间。就在米克烧水的时候，装水的容器突然爆炸，可能是因为被拧得太紧了，导致内部压力太大无法承受。水从容器里迸出来，洒了米克一身。米克赶紧把淋湿的衣服脱了。但是，更让他恼怒的是，他认为这是一个不好的征兆。米克的衣服被浇得透湿，他诅咒着到这么高的地方来，之后，他说道："那个时候，我真的在怀疑自己，是否该来这里。"

他们休息了一会儿又继续把冰融化成水，这样一直干到了午夜10点。在这样高海拔的地方，准备工作需要花很长时间，接下来的两个小时内，他们随时都可能出发了。不过，现在他们还在紧张地准备装备。

11点，他们离开了四号营地。5月11日那天曾经出现满月，是最佳的登顶时机，不过现在，一周过去了，月光正在逐渐暗淡下去，他们必须把所有的头灯拿出来提供照明。可是，电池在这种情况下不会持续太久。

此时，射流风还很安静，整个夜晚都相当宁静。为了赶在其他队伍之前到达，内尔他们比预计时间提前出发了。这是一个非常正确的决定。

离开四号营地的时候，米克感到他的氧气补给有什么地方不对劲。他伸手往身后摸了摸，又检查了一遍流速计，上面显示是每分钟2.5升。没问题啊。于是，他又把流速计放回去，戴紧手套又继续前进。他知道自己的速度有点慢，肯定有什么地方不对，但是，在一片漆黑和零下30度的寒冷之中，米克也不能做什么。

五个小时之后，这队登山者缓慢地在没有绳索的冰面朝位于海拔27,500英尺处的露台前进。这里，在顶峰1,500英尺以下，是离开南坳后的第一个目标点。他们的前进速度比预计得缓慢。米克的头灯用的是新电池，电量已经完全用光了。他不得不借助前面人的头灯的光亮在黑暗中摸索道路。

早晨6点15分，终于迎来了晨曦。此时，内尔他们已经坐在露台上休息，更换氧气瓶。他们取下了护目镜，让脸稍微在空气中呼吸几秒。内尔清理好附在面罩上的结冰，又重新戴好。氧气罐灌满，重新背上，没有人说话。

午夜的时候，天气看起来还很不错，现在开始有变化的迹象，只是没有几个人注意到这一点。来自丹麦的登山者迈克本来打算不携带氧气独自上去，现在，他已经不在登顶的名单之列。早上5点的时候，他已经开始往四号营地返回。在这么高的地方，氧气能提供人体所需的温度，没有了它，迈克的身体渐渐变凉，他知道这样下去的话，他会死的。所以，他很勇敢地选择了回头。他的尝试也宣告结束。

四号营地以上的攀登是真正决定输赢的时候。许多登山者都可以走到冰瀑，西谷，甚至是环境险恶的洛子冰面，但是，只有这最后一段，能够区分高低。许多登山者在这里调头离去。迈克已经尝试过来，毫无疑问，再过若干年，他也许还会再回来。但是，现在，他已经耗尽力气。他的身体不可能继续承受下去。对于他而言回到四号营地，是一个非常艰难的决定，但同时，迈克展现了他做出这个决定的勇气。

其他登山者也被迫返回。一些人是因为供氧不足被迫折返，另一些人则是因为清楚自己的极限做出的决定。这些人都转身了。他们说，正是站在通往新世界的门口，大多数的人放弃了。这话一点都没错，大多数人早早地决定放弃，并且可以给自己找到太多借口。

一名登山者在出发后的半个小时的时候滑倒了，他跌跌撞撞地走在坚硬的冰面上，往100英尺以下的南坳走。这名登山者摔断了两根肋骨，然后艰难地回到了帐篷里。非常幸运，他滑倒时走出得还不远，如果再往上一点，情况就很难预测了。在营地等待时，他紧张地看着时间，等待着其他还在攀爬的登山者那传来的消息。这一夜，又是漫漫长路。

米克和内尔还在继续向上。卡拉的节奏要慢一些，落在后面，但仍然不惜一切代价地往上爬。卡拉的勇敢不言自明，艾伦也在静静地往上爬，他一言不发，紧紧跟随在他们后面。早上7点的时候，我们在二号营地还没有听到他们的消息。

此时，一些夏尔巴人正在南部峰顶安放绳索。在覆盖着松软雪层的冰面上安放绳索不是一件易事。这块的路线还没有哪一条装了绳索。绳子非常重，而且必须背在身上往山上运，所以，这片地方极少有安装绳索的，除非是那些走的人多的地方。

每个人都知道山上的危险，但是，海拔似乎已经令人们对此麻木。没人在意这一点。登山者们的鞋底钉踩入雪层下的冰面上，步履蹒跚地在南部峰顶上行进。只要有一小段绳索，大家就会仔细地拴上。在那种气候环境下，绳子已经不可能保证100%的安全。这些绳子随时可能出问题，可是，他们不在乎。绳子，在登山者眼中已经等同于安全的同义词。他们的头脑已经没有力气把绳索理解成其他什么含义了。

早上10点零5分，内尔到达了南部顶端。内尔知道，真正的顶峰已经被他握在掌心。他坐下望着往前的景象，感到不可思议。他可以看到通向希拉里台阶的最后一段山脊，在此之上，是一段缓和的斜坡，从那里走完最后的200米就能到达山顶。内尔的心跳在加速，他知道，自己的机会来了。1996年，那次灾难让他没能往四号营地以上走得更远。两年之后，他再次回到这里，而这一次，山顶不再遥不可及，没有什么可以阻止他靠近。内尔感到自己身体充满力量，他使劲地盯着前方的山脉，一边焦急地等待带队的夏尔巴人和其他几个美国登山者的到来。米克应该也快到了，内尔想着。

但是，内尔察觉到有什么不对劲的地方。在模糊的视线中，内尔很快意识到，那个登顶的梦又一次离他远去。当他听见几个美国登山者在争论不休时，愤怒在他心中喷发。他们的声音听起来很慢很疲惫，但信息很清晰。由于搞错了谁带哪根绳子，导致在28,700英尺的海拔高度，距离珠穆朗玛峰顶335英尺的地方，没有更多绳子可用了，在经历了那么多危险和困难之后，所有人又都被打回现实。

这到底是谁的错？为什么会发生这样的事情？这将永远是个谜团。这样的事情发生在26,000英尺高的地方，多么可怕超现实的地方。没有人存心犯这个错误，但是，事实就是这样。顿时，这群专业的登山者变成了一群筋疲力尽毫无用处的人。对于这样的事情，他们实在是无能为力。在不借助于绳索的情况下，是不可能继续在山脊上走的，如果那样的话，等同于自杀。领头的那个夏尔巴人巴布证实了这一点。即使是当年，希拉里都必须用绳子。没有绳子，在这里走下去过于危险。

冰雪再次降临于山顶。风又起了。所有人蜷缩在冰雪里，他们只有一个选择——他们必须尽快做出行动。透过护目镜，内尔再次望向了咫尺之间的峰顶，慢慢地，他将目光移向更远方，此刻，内尔心里空荡荡的。他转过身，再也没有回头，开始往山下走，完全像变了一个人。

十分钟后，电台里传来了内尔从南部峰顶发出的信息，"我们必须返回，绳子出了问题。"他慢慢地说，声音听起来非常疲惫，"我们刚从南部峰顶下来，所有人都很安全，回到四号营地之后，我会再给你们信号。内尔，结束。"

在大本营的亨利听到的只有一阵噼里啪啦的声音，完全听不清内尔说什么。我又把我们在二号营地听到的信息复述给了亨利。在山上，天气状况时而会影响到电波信号的传播。也只有在这样的时候，待在二号营地的我能够静下来听发生了什么事情。

接下来的事情开始变得更加糟糕，这正是高山的脾气，在你还没来得及反应时，事情已经发生了。这次也不例外。

早上10点50分，我正在打盹，突然被电台里传出的呼叫声弄醒了，是米克的声音。他的声音听起来很虚弱，仿佛从很远的地方传来。他在呼叫我。

"二号营地贝尔，这里是米克，你听见了吗？"他断断续续地说。

"米格尔，继续说。"我回答到，一边马上坐起来把电台拿到更近一点的位置。

电台里的杂声很大，而我只能听到关于氧气什么的事情。

"米格尔，再说一遍。你的氧气怎么啦？结束。"

电台那端是一阵安静，没有回答。米克戴着手套在控制操作。

"我用完了。我已经没有氧气了。"这几个字一直在帐篷里回响。

我想到，米克的氧气罐应该从一开始就在漏气。再这么爬下去，米克会窒息而死的。我不明白，为什么米克的氧气罐会出问题。他们已经一遍又一遍地做过检查了。我试图找到一个合理的解释。但是，没有一个人知道。没关系，重要的是，我的朋友，最好的朋友，现在正在距离我6,000英尺的上方死去，而我什么也帮不了。

"继续跟我说话，米克。不要停下来。谁和你在一起？米克，告诉我。"我坚定地说。我必须让他不停说话。如果他停止说话，失去意识，那样的话，米克就再也回不来了。如果他不能继续移动，我必须知道是否还有其他人在他身边，这可能是他存活下来的唯一希望。

"艾伦在这里。他也没有氧气了。我们坐在这里……情况不妙，贝尔。"

我知道，我感到相当绝望。我们必须找到内尔，他们俩的命就靠走在他们前面的人了。

"米克，听到了吗？米克？"没有回答。"米克，听到我说话了吗？"

一分钟之后，米克的声音又回来了。

"准备好了'命毙亚洲'的姿势了，贝尔。"米克说得很慢。曾经，我们每次遇到非常可怕的情况时，就会一起拿"命毙亚洲"开玩笑。但是，基本是在我们最疯狂的设想里，也从未想到会有现在这样的对话。"米克，为了上帝，你要坚持住。米克？"我的声音哽住了。

"贝尔，我估计艾伦还能再坚持十分钟。我不知道该怎么办。"米克的声音断了。我尝试呼叫他，但是，没有回应。20分钟过去了，米克那头一点消息也没有。那20分钟，是我生命里所度过的最漫长的20分钟。

我一个人待在帐篷里。杰弗里没有收音机。我觉得自己一点力气也没有了。米克，加油，米克，求你了，动一动，我在心里恳求米克。我祈求他能听到我的话。

米克这样描述了当时的情景：

当我往南部峰顶走的时候，我感觉到有什么地方不对劲。大家都在往回走。我不明白发生了什么事情。一个登山者经过我的时候告诉我前面的情况。我们必须返回。他当时跟我说的话让我非常吃惊。我的脑子整个都乱了。"现在回去？"我真的不敢相信。那个登山者就继续往下走了，我也没有办法，必须面对现实。这一切就这么结束了，我也开始慢慢地往回走。

我决定下山之前先检查一下我身上还有多少氧气，只是想看看而已。我伸手去拿我的计量器。我顿时怔住了，不敢相信，以为计量器出错了，因为上面显示的是"空"。

这太可笑了。我应该还剩十小时的。当时，我站在那一下子蒙了，只能再检查一遍。在海拔28,500英尺的地方，你能做什么呢。没有氧气的后果是不敢想象的，我必须尽快下去。没过多少分钟，我已经完全没有氧气了。我使劲地在面罩里呼吸，但是，什么也吸不出来。

缺氧的后果是致命的，你不会因窒息而倒地，但是，你的意识、行动、协调能力都会慢慢地变得困难起来。在南部峰顶下面不远的地方，我拴上绳子，坐在地上。

我开始慢慢地，不确定地往下走。没走出多远，我就必须停下来休息，连站起来的力气都没有。然后开始有人带着我往下走，非常慢地走。你可能以为这样走会很痛苦，事实上你根本一点感觉都没有。在这样高海拔的地方发生缺氧是最危险的一种情况，就像喝醉了一样。但是，奇怪的是，当时有人问我情况怎么样，我竟然还说没事。

走到有绳子线路末端时,我发现艾伦像个婴儿一般躺在雪地里。他也没有氧气了,情况看起来比我更糟。就是在那个时候,我接通了在二号营地的贝尔,请求帮助。

处在我们上面位置的登山者没剩几个了。内尔,我们队伍中的一个夏尔巴人帕桑,另一个叫巴布的夏尔巴人,两个瑞士登山者托马斯和蒂娜。托马斯和蒂娜已经是第三次攀登珠峰了。在三年时间里,他们花费将近九个月的时间追寻自己的梦想,但是,这个梦再一次从他们面前溜走。他们是最后一批转身下山的。正是他们和巴布发现倒在地上的艾伦和我。

他们走到我们身边蹲下,知道必须立刻行动,一秒钟也耽误不起。非常偶然的,巴布竟然带了一罐备用氧气,这样的情况是非常罕见的。但我们就是这么幸运,竟然有人带了备用的,以防紧急情况。现在派上用场了。

在三号营地的时候,我们曾经借给过他们氧气,所以,他们觉得还欠我们一个人情。现在,这个人情救了我一命。巴布主动向我伸出了援手。他们亲眼目睹了发生的事情,都不需要我开口。他们救了我。

内尔和帕桑在附近放置了一个紧急供氧瓶,又努力迫使我和艾伦站起来,一步一步往前走。我跌跌撞撞地,像极了一个醉汉。我太累了,顾不了这么多。

我已经连续缺氧超过了一个小时,开始出现明显的缺氧症状。我感到自己不停地在有意识和失去意识之间游走,不断地在死亡线上挣扎。还没走出两三步,我的腿就不听使唤地往下跪。我从来也不曾想象过有一天自己会陷入这样的窘境。由于已经筋疲力尽,我没有完全意识到当时发生了什么事情,只记得自己绝望地挣扎着站起来继续走。可是,我的双腿就像陷入泥潭里,不管意志力有多强,我还是很难站起来。我这才惊觉自己并不像以为的那么坚强。

走到露台走廊时,已经有一罐全新的氧气瓶在等着我们。我坐在地上,赶紧抓起面罩,把流速调到每分钟四升。这是我当时可以享受到的最奢侈的事情。透过稀疏的云层,已经可以看到下面远远的四号营地了。那里,距离我们只有1,400英尺,还有相对来说比较干净的帐篷。这些,都不远了。

托马斯、蒂娜、巴布,都借了氧气给米克,在性命攸关的时刻,毫不迟疑地救米克。没有内尔和帕桑,艾伦也非常可能命不知所踪。他们都展现出高山所要求的勇气和慷慨。如果没有他们的帮助,珠穆朗玛峰的受难者名单就会再添两名。

米克和艾伦从露台走廊一起跌跌撞撞地往下走。这样走了没多久,四号营地已经在迷雾中隐约可见。帐篷看起来就像远处一个个黑色的小圆点。

当时,米克一直意识不清,走得非常慢非常辛苦,那一路上发生了什么事情,米克已经不太想得起来了。由于神志不清醒,他的双腿打战,跌跌撞撞地往下走。在这样的环境下,如果一步没走好,后果是不堪设想,但是,他已经顾不了那么多,只能继续跌跌撞撞地前进。他必须回到四号营地。

他们已经非常接近四号营地了,但仍然处于相当危险的环境之中。在蓝冰上下行,并且没有绳索保护徒步在海平面已经相当危险,更何况在这么高的地方。珠峰东面是地势险恶的康松陡壁,西面是洛子冰面,两侧都超过5,000英尺。一不小心就会跌落深渊。缺氧已经让米克无法正常行走。

内尔也无能为力，这一切发生得太过突然，除了眼睁睁地看着，他又能做什么呢。

接下来发生的事情米克是如此回忆的：

内尔坚持让我和帕桑一起顺着绳子下去。帕桑是这里现在体能状态最好的，也最能够帮助我的人。他在我们身上拴了一根绳子，我甚至都没有注意到。没过多久，大概我们走了有20分钟左右，我就感觉脚下的地面突然朝我身体涌来。

地面突然开始上升，可能是白天阳光照射的原因，面上的积雪开始融化，在我脚下流动。对此，我无能为力。我顺着冰面滑向一侧，然后，我犯了个致命的错误。我使劲把鞋底钉往雪里踩试图止住下滑。但是，当我的鞋底钉触碰到冰面的瞬间，一股巨大的反作用力让我们下落得更快，我感到一阵旋涡将我包围。我很清楚下面等着我的是什么，以为自己就要死了。

我被重重地撞击在冰面上，同时还在不断地下落。此刻，我已经没有任何知觉。我闭上眼睛，感到冰在刺穿我的胸膛。之后，有那么一阵，我感到自己滑落的速度减慢，似乎落入了更厚的积雪中。但是，仅仅是这么短暂的喘息，我又开始高速地下滑。我任凭命运的摆布，死在康松陡壁也好，洛子冰面也罢。我真的不知道自己究竟是在哪块地方，反正，这也不重要。

过了一会儿，我感到身体下落的速度又慢下来。我被弹起来甩到了一片岩石之间，又慢慢地滑了一阵，停在一片冰面的边缘。我躺在那里，一点儿也动弹不得，等待着命运的处置。我躺在冰天雪地里，不想睁开眼睛，身体一直在发抖，那种状态就好像进入了永恒。

突然，我听到附近有几个人说话的声音。声音很模糊，语言也很奇怪。他们是……伊朗人。我不敢相信自己的耳朵。我想朝他们叫喊，可是，我依然躺在那里，什么也喊不出来。他们围到我周围，把我扶起来。我开始不断地哭泣。

他们一路护送着不停颤抖、流着泪的米克回到了200米开外的营地。其他几个人找到了同样浑身颤抖的帕桑。不知是什么原因，他们俩在下落的时候，绳子断了。没有人解释得清楚是为什么。也没人在意这一点。他们俩都很安全，这才是最重要的。不可思议的是，他们俩居然都没有什么大碍。这究竟是幸运，还是命运？谁知道呢。过了一个小时，两个人蜷缩着坐在帐篷里瑟瑟发抖。米克把他的马克杯递给了帕桑，他的手还在不断地发抖，然后，努力地挤出一点笑容。

48小时之后，米克和帕桑回到了二号营地，依然还在颤抖。他们像完全变了一个人。米克还在持续头晕，慢慢地穿过冰川，他甚至连抬头看我们的力气都没有。他实在是过于疲惫。快走到帐篷边上的时候，两个人都倒了下去。内尔很高兴，他已经完成了一切他该做到的，而且米克和帕桑都安然归来。米克坐在角落里，一言不发，看着他双手抱头的姿势，就知道他现在的状态如何了。这三天，实在是太过漫长。

去洛子峰的队伍现在也回来了。所有人看起来都非常虚弱、筋疲力尽。从三号营地往上走，他们已经战斗了大约22个小时。但是，深深的积雪逼迫这些体格健硕的登山者不得不在距离峰顶不远处止步。他们也同样遇到了供氧装置出差错的问题。在高山上就是这样，不管你准备得有多充分，反复检查多少遍，没有什么是能够百分之百保证不出娄子的。

在二号营地大家一起聊天的时候，他们谈到自己如何付出了所有，却依然空手而归。我被这片山脉的能量震撼了，在它们面前，我们一切的努力显得多么卑微。我不知道，我觉得自己从来不曾真正了解这些高山是有多么抗拒人类的脚步。

那天晚上，米克和我一起聊天，我们俩坐在一起很安静地聊，聊得很慢。我从来没有像现在这样敬佩米克。我渴望自己可以亲眼看见那些米克在山上所目睹的，即便要付出同样的代价。米克的身体还在颤抖，身上带着从那样艰险的地方存活下来所留下的伤痕。他的衣服已经表明，面前的这个男人经历过多么不可思议的事情。他的防风衣已经被撕扯成了八块，深深的裂口露出衬里。米克保暖裤早已磨破，里面的填充物已经被扯得到处都是。米克出发时带在身边的所有装备都丢了，手套、水壶、摄影器材、连帽衣、头灯，都不见了。在失去所有财产的同时，米克活着回来了。那天夜里，正在我们准备睡觉的时候，米克猛戳了我一下。我坐起来，看到他脸上带着浅浅的笑容。"贝尔，下次度假的时候，还是让我来选地方吧，好吗？你的选择实在是太讨厌了。"他这么一说，我忍不住大笑起来。我真的需要放声大笑一阵，这些天，心里积压的情绪实在是太多了。我们相互拥抱。感谢上帝，他还好好地活着，我心想。

第二天早上，他们慢慢地往大本营返回。他们此行已经结束，现在急需的是好好休息。米克只希望安全，这就是他所要求的全部。我目送他们走出冰川，心里面，希望自己继续留在二号营地的决定没有错。

清晨的时候,我们收到了最新的天气预报。亨利宣布,台风正在减速,两天之内不会到达这里。我向亨利保证,如果台风明天还继续朝我们的方向移动,我就会从山上撤回。但是,只要接下来的几天里还有一线希望,我就坚持待在这里,随时准备。虽然这个决定很困难,但不知为何,我感觉自己这么做是对的。我坐在原地,看着米克他们的身影慢慢变模糊,消失在冰雪之后。

杰弗里不同意我的决定,已经和其他人一块下山,我是我们队伍里唯一还留在上面的。身处台风随时可能光顾的地方,这么做的确是冒险。我知道,必须在清楚了台风的发展动向之后,才有可能决定下一步我是不是可以继续往上。同时,在二号营地待的时间越长,人体的消耗也越多。环境适应和体能消耗之间是一种权衡。如果时间太长,我可能没有足够的体能再往上走。对于处于病后恢复期的我来说,位于21,200英尺海拔高度的二号营地是个糟糕的选择。但是,尽管我也不太清楚原因,我还是选择留下来。

我就一直坐在那里,看着所有人从我视线里消失。现在,这里只有藤巴和安在一个帐篷,我在另一个帐篷。我们有一个无线电台,一副扑克牌,从我的西班牙文《新约》书上撕下来的几页圣经,还有一袋脱水食物。这已经是我在二号营地的第四天。我不知道我的身体还能坚持多久。

Bear Grylls

A special trip to climb mount Everest

15　我承认我很怕

人的孤独不过是因对活着的恐惧。

我把手里的扑克牌在帐篷里散了一地。这真是个愚蠢的游戏，我讨厌耐心。两天以前，我跟自己打赌，如果我把手里的牌都发出去，那么老天一定会给我一个机会；如果我没有把牌发完，那么台风一定会过来。虽然两天之后，我的牌已经出去了三十七八张，但是胜利依然遥遥无期的样子。我躺下，盯着天花板发呆。晒在绳子上的袜子已经干了，我无聊地翻动它们。过去的这几天，过得非常漫长。我的手表似乎也跟着慢下来。季候风距离我们这边又更近了一点，预告着珠穆朗玛峰还会再次被埋在五英尺深的积雪下面。

　　每天，我生活的重点就是期待中午从大本营打来的电话，跟我预告山上的天气变化。为了节省宝贵的电池，电话是在每天的12点固定打过来的。睡觉的时候，我会把电池安放在睡袋里，跟它们一起入眠。因为这里是最温暖的地方，它们可以持续长的时间。现在，是早上9点15分，我已经迫不及待地等待今天的天气预报了，我不放心地检查了电台，看有没有出什么毛病。

我焦急地等待着台风离开的消息，昨天的天气预报说台风没有继续往这边过来。今天的情况会非常关键。我继续焦急地等待。我很清楚，我们可以利用的时间已经越来越少。我又一次检查了手表。

中午12点零2分，电台响了。

"二号营地的贝尔，这里是内尔。一切正常吗？"我听到内尔的声音很大也很清楚，说明今天的信号不错。

"是啊，正常的最低标准。"我笑着回答。

"我担心你可能慢慢地开始精神错乱了，是不是被我说中了啊？"内尔开着玩笑。

"精神错乱？我？你想说什么？"我答道。电台里，内尔咯咯地笑起来。

"开玩笑的，"他说道，"现在听着，我刚刚收到天气预报，还有一封给你的电子邮件，是你家人发过来的。你想先听好消息还是坏消息？"

"继续吧，先把坏消息干掉。"我答道。

"好，坏消息是天气还是很不给力。台风还在继续朝这边过来。如果明天台风还在朝这边移动，你必须下来了。我很抱歉。我们都很讨厌这个样子。"

他直接说了。我停顿了一下，没有立刻回答。我知道，他会这么说。我这么努力地祷告，但是，还是不起作用。我摇摇头。

"……那好消息呢？"我不耐烦地问。

"你妈妈发来的邮件。她说家里的动物都很好。"

"好吧，继续，不可能就这么点。还说了什么？"

"嗯，他们以为你还在大本营。你知道，好在是大本营，否则你妈妈还可能会突然出现在我们面前。"内尔又咯咯地笑起来。

"我明天再跟你说。"我回答到，"希望天气能有点变化。这是我们最后一次机会了，对吗？"

"收到。贝尔……噢，别开始自顾自地说话。完了。"

"米格尔怎么样了……喂，内尔。"他没听见我说话。

我把电池从电台里取出来，又小心地装到袋子里。我还要再等24小时。每次，刚结束电台通话的时候是最漫长的。我把身子往后靠，又开始无聊地玩牌。

那天下午，我在冰原上走了20分钟，去了新加坡队的二号营地，想看看是否可以借到一点止咳药。我的药已经吃完了，但是，这些天来夜里咳得还是很厉害。我想知道是否还有谁在营地里。

现在新加坡队员只有极少的几个还在二号营地。其他人几天以前都已回到大本营，留在上面的两个人中的一个是队长。我们俩坐在一起聊了好一会儿。在山上有伴的感觉实在是很好。

"不，贝尔，我不打算再往上走了，我的肋骨可受不了。"队长说，"我已经咳嗽好一阵子。我有两根肋骨骨折，每次呼吸就痛，没办法再往上了。"

我很同情队长，不过，我自己咳得厉害的时候就把头埋在夹克里。于是，我问队长是否还有多余的止咳药。

他们拿出一个大桶，大概有四个水瓶加起来那么大。大桶的前面写着"感冒药"。我的眼睛立刻亮了，我自己的感冒药只装了一个小塑料瓶，吃完了也没多大好转。于是我找来一个马克杯装满，又和队长聊了一阵，然后小心翼翼地走回我的帐篷。这些药片肯定能把我治好，我这么想着，我的意思是，只要看看这些药品的颜色，就会相信它们一定很有效果。它们让我想起了柴油，没错，就应该是这个样子。我喝了一大口水，面带微笑，感受着药片从我喉咙里下去的感觉。

正当我在21,200英尺海拔高的山上和命运做斗争的时候，远在英国的米克父母的家里，完全是另一番景象。

米克的爸爸一直在他的办公室通过网络密切追踪我们队伍的情况。其他几支队伍几乎每天都在更新自己的网站，在出发登顶前的几天里，他们几乎每隔几个小时就会更新网站。美国队的沟通比其他队伍做得更好，当5月19日上午10点，其他人在南部峰顶的人茫然不知道发生了什么情况的时候，他们已经提前知道了消息。米克的爸爸帕里克也一直关注美国队的进展。他知道，他的儿子此时正在山上的某个地方，同样沮丧地被迫折返。但是，他一点儿也没准备好听到之后发生的事情。

美国队发了一篇报道，说一名"英国登山者掉下去了"，其他的一无所知。这几个字一直在帕里克的屏幕上闪现。他异常惊恐地瞪着屏幕。此时，是伦敦早上8点45分。

之后的三天里，他没有看到更多关于这个事故的消息。为什么？发生了什么事情？为什么他们不能说？有人死了吗？是米克吗？帕里克的脑海里开始飞速闪现各种可能性，那个报道里所说的"英国登山者"最大的可能性就是米克。此时，我们留在大本营的卫星电话已经关机，每个人都忙着帮助内尔和米克下山。帕里克无法得知我们这边的最新情况。

他不敢跟他的妻子萨莉说。他不能。帕里克说，那几个日日夜夜是"可以想象到的最痛苦的经历"。帕里克是个非常坚强的人，但是，他也觉得难以承受。后来他回忆时说："最痛苦的是，我不可以跟萨莉说这件事情。我不能，因为我还不确定。我无法工作，只能坐在那儿，看着屏幕，屏幕上的那些消息让我很难受。我害怕去面对现实，我们唯一的儿子可能死了。"

一直到米克回到大本营，他才有机会给家里打电话报平安。米克不知道他父亲已经得知了一些消息。帕里克的脸上终于舒展开了。我想，这是只有做父亲的才有的舒展。米克向他保证，自己非常安全，并且说他再也不会回到山上。永远不会。他比任何人再清楚不过自己是有多么幸运。他最后一次脱下了自己的鞋底钉，想到了此时仍然在二号营地的我，米克朝远处的山上望过去。

与此同时，位于大本营以上3,700英尺海拔的我还在等待下一次同时也是最后一次的天气预报。我太渴望一个机会，但是，现在这个机会完全掌握的天气的手中。

那天夜里，我躺在帐篷里，可以听到射流风低沉的隆隆声。太阳已经消失在西谷后方。这里，只留下我，静悄悄的。我在睡袋里紧紧地蜷缩起身子，闭上眼睛。我真的非常想念其他登山的伙伴们。

天还没亮，我就从帐篷里爬出来。冰原看起来又冷又无情。我拉上保暖衣的拉链，走过冰面找地方方便。此时，是凌晨4点半。回到帐篷里，我坐在门口，等着太阳升起，脑海里想着明天会怎样。

藤巴和安还在他们的帐篷里熟睡。我多么希望此刻也能像他们一样睡着。

我不敢相信我们这么长时间以来费尽心思所做的一切，就要在今天完结。我无数次祈祷，祈祷我心中的那个答案。台风必须离开，或者逐渐消失。必须这样。我的思绪又一次飞上了山，来到三号营地以上的地方，那片我曾听说，只有"最坚强和幸运的人才可能存活"的地方。求求你了，老天。

快到早上十点，我已经迫不及待地等在电台边。我再一次检查了电池的状况，它们都很好，摸起来很暖。我又看了一眼手表。时间快点走吧。

这一次，他们的电话打过来比平时早一些。11点58分。我顿时从地上跳起来。

"是的，大本营，收到。"我紧张地回答。

"贝尔，你这家伙，时机来了。"里面的声音听起来非常激动，是亨利在说话。

"天气预报说昨晚11点气旋一直在旋转，已经往东边去了。他们说这股气旋明天会袭击喜马拉雅的东面，但是离这块还很远。我们有机会了。他们说气流风会在两天内出现。你感觉自己现在状态怎么样了？"

"我们在摇滚呢，是，很好，我的意思是我感觉不错……真是难以置信。太好了。"我在空中挥着拳头，大叫起来。藤巴经过我的帐篷时，听到我的喊声，不知发生了什么事情，于是凑过来。我又叫了起来，藤巴只是咯咯地笑，然后钻进来。我忍不住使劲拍他的背。藤巴止不住地大笑起来，露出他的两颗黑牙。他明白我的心情，我们已经等待了漫长的五天了。

内尔也在大本营准备上来。突然间，机会再一次向他敞开。这也许是内尔的最后一次尝试。他已经公开地说，如果今年不能成功,他再也不会回来。他已经爬到了28,700英尺,还没过几天,他又再次准备上来。这种事情从来没有听说过。大家都劝他,这么做他的身体会承受不了。可是,他们不明白内尔心里此刻在经历着什么。这是他的最后一次了。并且,这一回,内尔比之前任何时候都要激动。

米克坚决地要待在大本营。他还没完全从之前的惊恐中出来,需要休息。他最后一次帮助杰弗里和内尔打包好行李。如果这次失败了,我们大家的努力也将宣告结束。季候风从尼泊尔平原上空盘旋直下,等待登陆。但是,这一切将在一周时间里消失得无影无踪。

同一天,新加坡队仅剩的两名队员和博尔纳多都离开了二号营地朝三号营地出发。这意味着他们比其他人都提前了一天。这是好事情,这样一来,他们会把南坳以上的宝贵的情况带给大家。我祈祷他们一路平安。我们这些还留在山上的人,现在俨然已经成为一支小队伍了。

当天晚上7点左右,二号营地再次聚集了很多朋友。内尔和杰弗里,还有已经康复了的迈克和格雷厄姆都上来了。卡拉和艾伦也打算上来再试一次。特别是卡拉,在这么短的休整后马上上来,让卡拉看起来特别憔悴。她的确需要休息。艾伦比别人多花了两个小时才上来,疲乏在他身上同样表现得很明显。

去洛子峰的队伍也回来了。安迪和艾格瓦打算再次尝试。那素则在前一天从大本营返回到加德满都。我这次将看不到他。那素认为,当时他走在另外两个队友前面,已经到达了洛子峰顶。但是安迪不相信,他知道洛子峰顶还很远。这片疑云大概不会有人可以解释清楚了。

内尔到达二号营地之后，我感觉轻松很多。他微笑着和我拥抱。我们都知道面前等待我们的机会，心照不宣。我真的特别地想念内尔。

天色很快黑下来，也或许因为其他人都在这里时间才走得这么快，想想之前的九个星期，时间过得不是一般的慢，九个星期的等待就是为了这个机会。现在，机会就在眼前。尽管很激动，内心还是有些许担心，就是最后的挑战。我知道，接下来的四天前往山顶，再回到二号营地，毫无疑问地将是我人生中最艰难的四天。但是，这一切都很值得，梦想的实现就在终点。我能感觉到，珠穆朗玛峰顶在等着我们。我一个人住了这么久的帐篷，现在要和加拿大迈克一起分享。过去的两个月时间里，我已经对他有了很多了解，也越来越喜欢他。可以感受到，在迈克坚强的外表下，内心藏着柔软。我也察觉，他跟我一样对即将要发生的事情有恐惧感。

迈克紧张地在帐篷里让自己忙碌着，整理自己所有的装备，又不厌其烦地再次检查。他一颗一颗数了一遍葡萄糖片，检查挂脖水壶带子的长度，还有那些最简单、最容易出错的小东西：备用手套、备用护目镜、带子、工具箱，用于绳索出现紧急问题的绳结，只要你能想得到的，我们这里几乎都有。不断重复检查这些，让脑子不必去想多余的事情。

我们俩小心翼翼地在帐篷里挪动，好给对方腾出多一点空间。我知道迈克需要一点时间独处，其实我们两个都需要，不过我们都在试着克服这一点。他收拾东西的时候，我尽量保持安静地在一旁休息。我靠在我的背包上，闭上眼睛，胸中混杂着强烈的激动和深深的不安。我真的不知道，面前等待我们的是什么。

此刻，我的脑海里出现了艾德到来时，给我捎来的祖父写给我的一封信。那些充满力量的语句在我眼前漂浮。祖父他92年的人生智慧直指我心。

"坚持下去，你的努力将是信仰和无畏的胜利。"

信仰、无畏，这些词语敲击着我，这正是我所期待的，我知道，我的祖父，他明白我。

那天晚上，我和迈克尽可能地抓紧时间睡觉。从早上五点开始，我人生中最大的一场战役即将打响。我发现，让自己平静下来做祷告也那么困难。

早上4点45分，我从睡袋里爬起来。这是一天当中最艰难的时刻，因为要从温暖舒适的窝里爬出来，还要和沉重的眼皮抗争。5点15分，我从帐篷里爬出来，深深地呼吸了一口清晨冰冷的空气。这样好让迈克在里面多点空间做好出发的准备。

我们就着热水喝了一些燕麦粥。我往里面加了点糖，这样能让味道更好一点儿，但还是没吃几口。我的心思完全不在这里。我担心，在上面待了这么长时间，我的体能会不会被消耗得过多而影响后面的路程。如果果真如此，我也毫无办法，只能硬着头皮往前，行不行，很快就能得到检验。

5点45分，迈克也走了出来，我们俩默默无语地坐在冰面上，各自穿上鞋底钉。过去的两个月时间里，我已经不记得有多少次重复着这个动作，但是，这个早上，我仍然觉得这个动作像是在第一次做。我们出发的时候，藤巴和安一直在他们的帐篷里目送我们。我真心希望，四天之后，还能看到他们。四天，好的，或者不好的，变数无常。我感到自己有点不太舒服。我想那是紧张罢了。

我的咳嗽还没完全好，不过已经不那么严重了。或许是因为我已经习惯了。越接近冰面上的绳索，地形就越陡峭，洛子冰面遥遥的在天际。

我们一言不发地继续往三号营地前行。希望这次我们能在五个小时内到达。上午10点的时候，我们已经开始攀爬。我们小心地在蓝冰上前进，每一步，脚下的鞋底钉都牢牢地刺进冰面，可以看到鞋底钉踩过的地方出现的裂纹。我把手伸进冲锋衣，摸出几片葡萄糖片，含在干燥的嘴巴里，感觉很甜。我又拿出挂在脖子上的水壶，喝了一口，朝四周看看。

我们就这样爬了五个半小时，营地的帐篷只有100英尺的距离，还得花25分钟才能走到。我和格雷厄姆走在一起，我们俩都很疲惫，走得很慢，尤其是格雷厄姆。他忍不住诅咒了几句，实在是太漫长了。我试图让自己保持耐心，继续慢慢地走。在这里爬山，原则就是不管你走得多慢，总会到达你的目的地，只不过，这个过程非常痛苦。

我们大家分别使用两个帐篷。内尔、格雷厄姆、迈克和我用一个，杰弗里、卡拉和艾伦用另外一个。我们立马开始动手准备另一件费时的事情，融化冰块。煤气炉又被死死地冻住了。于是，我只能把它整个拆下来，使劲摩擦，再装回去。火点燃了。

我又想起来被埋在帐篷外雪堆里的冰斧。想把它拔出来几乎是不可能的，米克已经告诉过我。我从来自美国的登山者帕斯库尔（帕斯库尔·萨图洛在1998年5月成功登顶珠穆朗玛峰）那借到了一把。我是在离开二号营地的前一天从他那儿借来的，还在电台里跟他开玩笑，说一定会活着回来把冰斧还给他。他让我答应他。他是我的朋友，也知道上面的危险。"千万小心"是他留给我最后的叮嘱。

在三号营地的帐篷里，我们大家都尽可能地保持安静。几个大男人在这么近的距离共处一室，心里承受着这么大的压力，又累又渴，实在不是一件易事。过去在部队的经历让我迅速适应如何在这样的环境下与人相处。已经有不知道多少个寒冷的夜晚里，我和巡逻队的队友们靠在一起等待黎明。现在的情况差不多，只不过天花板高了一点罢了！部队教会我的另一件事情是凡事要付出一点额外的努力。胜利往往就在你最想要放弃的那一刻之后，你需要的就是再努力一点。我躺在拥挤的帐篷里，提醒自己。我比任何时候都需要这样的提醒，需要这一点额外的付出。

尽管大家一再劝阻，卡拉还是坚持跟我们上到三号营地。亨利在大本营拒绝让她上来，他知道，卡拉已经非常疲惫。卡拉保证，除非风停了，她才会跟大家继续往三号营地以上走。亨利知道，即使天气状况非常完美，卡拉也不可能活着走完。在她第一次尝试之后，体力已经大大消耗。下午6点，天气预报会达到三号营地，这会决定卡拉的命运。如果风速超过40节，她必须下山。

电台里传来亨利的声音。

"风要变大了，伙计们。你们现在有一点机会，但是，情况比理想状况还差得很远。卡拉，对不起，你必须下来。我不能让你在上面冒险。这实在太危险了。"亨利宣布，接着是一阵很长的停顿。

"不，不行，我要往上走。我不管，我要上去，"卡拉开始非常生气地回驳，"你不能让我下去，何况我已经走了这么远。"

电台里，亨利也爆发了，"卡拉，听着，我们说好的，如果风还是很厉害，你必须下来。我当初根本不想让你上来，但是你一直坚持，不管怎样，现在都结束了。按照约定，你必须下来。就这样。"亨利担心卡拉会在上面不听从指挥乱来。

卡拉忍不住哭了起来,用西班牙语朝亨利喊叫。我从来没有像这一刻这么理解她。为了这个机会,她付出了太多。可是现在,就在距离峰顶这么近的地方,她要被迫折返。我知道她现在的感受,换作是我,肯定也是一样。但不管怎么说,亨利是对的,卡拉现在的状态不可能走得更远。到达三号营地的路上,卡拉比其他人多花了三个小时,如果往上还是这么慢,她会死在这里。大家都很清楚这一点,聚在帐篷里试图安慰她。

渐渐地,卡拉开始接受了这个事实。她的梦就在这里结束,这很痛。卡拉是我所见过的最坚强的女性。现在,她的脸上写满哀伤。她在我们面前安静地啜泣,内心某个角落,她明白,亨利的决定是对的。

我们一起安静地坐了一个小时。我注意到自己又有些头痛,这是十多天以来的第一次。我忍不住诅咒起来,然后喝了一点水壶里半温不热难喝的水。我太渴望喝点凉爽的东西,然后,又咽下一片阿司匹林。

杰弗里和我是第一批离开三号营地的人,因为我们需要保证大家在不同时间段到达绳索处,这样就不会无谓地浪费时间和体力。清晨5点45分,我们两个从帐篷里爬出来,调整好氧气面罩。这将是我们俩第一次在山上使用氧气补给。在大本营的时候,我们曾经试用过如何使用氧气罩,但是还从未在海拔这么高这么极端的环境下使用,我好奇究竟有什么不同。

我们把一个大罐子塞进背包里,里面装着调节器,然后又检查一遍,保证没有问题。我把背包放到背上,马上就感到自己被压了下去。不过我尽量调整姿势，好让自己舒服一些，现在，它在我的背上，重量有在大本营时的四倍。即使是当时的重量，也得花点力气才能背到背上。

如何控制因携带氧气补给而消耗体力和获得供氧设备提供的便利之间的平衡，是经常被争论的话题。一个通常的结论是，供氧设备提供的好处比增加的负重更重要一点，尽管只是一点点。在这个高度以上，空气变得更加稀薄，几乎不可能生存。只有极少数生理机能特别的人可以在不携氧的情况下进行攀爬。即便是对夏尔巴人来说，他们中的大部分也要依靠供氧补给。

这个大罐子被称为"开放系统"，里面的调节器控制着一小股氧气流入面罩，流速可以保持在每分钟一升到四升氧气之间。这些氧气和你呼吸到的外界的空气混合起来一同被你吸入。因为人体在极端环境下，每分钟需要呼吸大约30升空气，如果你采用的是一个封闭压缩空气系统，这个罐子只能提供十分钟的氧气。而每次你最多只可能携带一到两个罐子，所以，采用封闭的系统是不可能的。因此，在高海拔地区，使用开放系统是唯一可行的办法。

一般来说，当攀爬时，我们每分钟会消耗2.5升氧气。这已经是非常高效的利用率了。即便如此，在这么极端的环境下，一个人也很难靠这些氧气罐子活下来，更不用提以什么速度前进了。但是，就像大家所说"刚刚好够你做事儿"。任何失误意外都没有被考虑在内。我们在四号营地之上看到的那些遇难者遗体，大多数都是因为同一个原因：缺氧。大脑缺氧让他们根本没有意识到发生了什么事情，他们慢慢窒息而死。

我又一次检查了氧气导管是不是安好，没有戳破什么的。导管还很柔软，里面没有冻住。我又检查了自己的面罩，紧紧地贴在脸上，又同样地帮杰弗里检查。透过护目镜，我们的目光碰撞到一起。我们清楚自己马上就要穿过第一根绳索往位于洛子冰面的四号营地前进。

还没走出十丈，我就发现自己开始在面罩里呼吸困难，管子里没有输入一丁点儿氧气。我赶紧把面罩脱下来，把绑在身上的护具锁在冰壁上，但是，身上的各种管子和连接让我特别狼狈。这真是太疯狂了，我必须先把整个背包卸下来，把所有东西都拿出来，才能检查氧气罐。我检查了测量仪，上面显示氧气还在流动，完全正常。于是我重新戴上面罩，继续前进。

但是，过了五分钟，情况一点儿也没变。"他妈的，还是什么都没有"，我忍不住诅咒道。戴上面罩之后，我几乎不能够呼吸。我发现，我需要把头往后仰才能深吸气，即便如此，那个面罩还是让我难受。我没法再走下去，只能停下来，把面罩摘了，然后大口呼吸外面的空气。

氧气罐在工作，一切都显示它还在工作。我实在不懂为什么会这样。这种感觉就像我在跑马拉松，正在往山上去的时候被一双橄榄球袜堵住了嘴巴。我大口呼吸，却没有感到一点轻松。杰弗里走在我后面，靠在他的冰斧上停下来。他也很艰难，甚至都没有往上看一眼。我们俩在各自的世界里挣扎，艰难地呼吸。

我决定还是要戴面罩，于是又换了一个。我知道我必须相信它。我已经被重复过多次，必须要戴面罩。唯一可以令我活着走到上面的只有这个罩在我脸上的俄罗斯战斗飞行员面罩了。我别无选择。

我继续慢慢地有节奏地往上走，我不打算把面罩摘下来。我试图让自己忽略这种难受感。前面的绳索一直通到洛子冰面。

一个小时之后，杰弗里已经落后了一段距离，但是，我还是继续保持每次三步的速度。

终于，我们开始在冰面上穿越。在我右前方，一直可以通往遥远的洛子峰顶。在我左侧，冰壁陡峭垂直向下，是4,000英尺深的山谷。我不能出一丝一毫的差错。我尽量让自己不要往下看，继续往前走。慢慢地，我穿越了把冰面一分两半的岩石。

被称为黄带的地方是一片有150英尺高的沉积岩，这里曾经是古老的特提斯海的河床。由于冈瓦纳大陆和亚洲大陆相撞，迫使陆地上抬。数万年之后，当我站在这里时，这片原来的河床已经距离地球的最高点不过4,000英尺的差距。这么想，似乎有些超现实。

站在黄带脚下，我扣上两周以前夏尔巴人刚刚修缮的绳索。希望这些绳索都很牢固，这是我目前唯一可以依赖的保护。

我抬头看了一眼，可以看见布满沙砾的黄色岩石刺穿纤细的云层。只要穿过这片岩石，距离四号营地就只有几个小时了。

我的鞋底钉刚刚接触到岩石表面，发出诡异的摩擦声。因为是第一次接触到岩石，它们发现这里不像冰面那样容易刺进去，只能小心翼翼地抓住表面。我就这样在岩石和冰面之间进进出出，越往上，地势更加峻峭。这时再往下看，曾经走过的岩石和冰面已经被抛得很远。

我背靠着岩石坐下，把鞋底钉塞进身下的岩石缝里，面朝着山谷。我开始死命地往面罩里吸氧。等呼吸慢慢地平静下来，我回望自己走过的那段路。二号营地已经变成了一个小黑点。我又检查了一遍扣在绳索上的岩钉钢环才放下心来。

当我慢慢穿过险峻的黄带，道路开始延伸到一片相对缓和的地表，大约有500米长。穿过这里，就是日内瓦马刺，从那里就能通向四号营地。我又开始感到兴奋起来。

日内瓦马刺是在1952年由瑞士远征队命名的。当年，希拉里和丹增史诗般的第一次登顶正是从这里经过。日内瓦马刺是一块铁毡形的黑色延伸，从冰层中刺出去。它朝天的末端深入连接着珠穆朗玛峰顶和洛子峰峰顶的南坳地区。日内瓦马刺是前往南坳，我们的营地所在地的最后一块主要障碍。

我的胸腔里只有一种原始的简单。我的精力完全集中在脚下的每一个动作，没有什么可以干扰我。正是这样一种直接、简单的心态让登山者才有可能继续往上爬。登山者付出了自己的一切只为了一个目的。这种状态让我感觉又活过来了。

我希望再走几步就能到达下一个目的地，但是，没走出几步我就停下来，我的身体需要休息和吸氧。这个时候，我会靠着冰斧，凝望着不远处的目的地，休息一阵，然后继续往前走。就这样，我慢慢地朝日内瓦马刺靠近。我经过了通往洛子峰顶的岔路口。从那里，我可以看到安迪和艾格瓦昨天下午休息过的帐篷。再往上，我可以看到两个小黑点在朝山顶的方向移动，正是他们俩。他们还有一段相当长的距离要攀爬。我为他们祈祷，希望他们可以成功。

当我走到日内瓦马刺，我可以看到杰弗里还在下方比较远的地方。他现在看起来走得比之前轻松了一点。我打算继续保持领先。在杰弗里后面，还有几个身影，分别是内尔、艾伦、迈克，他们都在慢慢地穿越黄带。卡拉现在应该在下山的路上了。我说不清自己是嫉妒她还是为她感到惋惜。很快，我就把这个念头从头脑里赶了出去。

我脚步稳健，一个小时之后，我已经站在日内瓦马刺的末端。南坳已经在前方等我。我期待亲眼看见那个我已经听说过多少次，世界上最高的，深入死亡之境的营地。

我讨厌"死亡区"这个说法。这很容易让我联想到在这里看到的一切。登山者总是善于把天大的事情轻描淡写，但同时，也是登山者制造了这个词。我不喜欢它。

这将是我第一次走进死亡区。现在，我没有多余的时间去担心自己的体能是否足够应付上面的环境。对我而言，这是我的机会。

当我走完马刺的最后几步，取而代之，出现在眼前的是一片深色碎石铺满的高原。我慢慢地旋转着双脚，鞋底钉和石子发生着摩擦。我发誓，我可以俯瞰整个尼泊尔。我独自坐下，震惊地望着眼前的一切。慢慢地，地毯一般的云层开始在我身下移动，让山下的景象模糊起来。在云层之上，深蓝色的天空在我面前无限延展。我已经进入了一个全新的世界。

Bear Grylls

A special trip to climb mount Everest

16　我跑出了地球

> 我若升到天上，你在那里；我若在阴间下榻，你也在那里。我若展开清晨的翅膀，飞到海极居住，就是在那里，你的手必引导我，你的力量必支撑我……我将永远在你的光辉庇佑之下。
>
> ——《诗篇》139，vv.5·10.

肾上腺素充满了我疲倦的四肢，我实在太想看到南坳。在满是黑色碎石的地方攀爬了200米，一片马鞍形的地方出现了。我立刻明白，自己已经到了。

南坳是一片广阔的岩石堆积的地方，有四个橄榄球场那么大，上面还可以看见过去的远征队留下的痕迹。空空的氧气罐随意地散落四处，默默地讲述着无尽的故事。1996年，正是在这里，暴风雪肆虐的时候，男男女女的登山者挣扎着寻找自己的帐篷，但是，大部分最终都没能回到帐篷里。他们的遗体还躺在数米开外的地方，其中很多遗体已经被掩埋在冰雪和岩石之下。这是一个充满忧伤的地方，一个许多灵魂在此长眠的地方。而他们的家人也永远无法亲身到其墓碑前探望。

人们说南坳上垃圾遍布，这其实是一种错误的印象。这片荒野，狂风横扫之后，只剩下极少的人类遗迹，支离破碎的帐篷，氧气罐，都不是被刻意扔下的垃圾，而是在诉述他们的主人当时如何在绝望中挣扎。他们是这片地方仅存的可以让你联想到当时情况如何惨烈的纪念。

　　我个人对南坳的印象是，这里与世隔绝，除了那些最有资质的人以外，普通人根本无法涉足。没有直升飞机可以飞越一号营地以上的地方。不管有再多的钱，再先进的科技，也不可能把人送到这里；唯有人类的意志力可以办到。我一动不动地站在那儿，审视着四周。大股的风从南坳的缺口冲进来，敲打着被撕扯开的帐篷，上面的片片帆布在风里飞扬。我不敢相信地瞪大了眼睛，一阵激动在胸中升腾。

　　前面有两顶帐篷孤单地立在南坳的中间，一顶是新加坡远征队的，另一顶是博尔纳多的。他们两队人马都在前一天就出发了，现在帐篷里没有人。那两个新加坡登山队员和博尔纳多此刻应该在我们上面某个地方。我好奇，他们现在的情况怎样。我想起了还在二号营地时，和新加坡的队长聊天的情形。此刻他应该非常希望他的队友们也都能上来吧。现在，其他的新加坡队友都在期待着他的消息。我希望他们能够成功。

　　出发之前，我们已经达成一致，和博尔纳多共用帐篷。我找到了他的帐篷，缓慢地爬进去。在这个海拔高度，任何动作都变得异常缓慢。稀薄的空气让人像宇航员在太空移动一样。我小心翼翼地挪进去，卸下身上的背包和氧气罐，打算躺下休息一下。

　　突然，我被一阵响动弄醒了，是博尔纳多回来了。我居然肩上还挂着背包就睡着了。博尔纳多挪进帐篷，我坐起来。他笑着，看起来很疲惫但是容光焕发。我不用问他有没有到达山顶，他的眼神已经说明了一切。

"太美了，贝尔。实在是太美了。"博尔纳多用一种做梦一般的音调，一遍又一遍地重复着这个词。我非常钦佩他的勇气。他成功了。我们俩在帐篷里拥抱起来，他看上去非常有活力，比我的状态好得多。

另外两个新加坡登山队员也回来了。他们俩也成功了。我忍不住想象着此刻他们在大本营的其他队友们该有多么激动。很快，新加坡就应该有庆祝他们国家首次登顶珠穆朗玛成功的消息了。为了这一刻，这两名新加坡队员冒着生命危险，付出了所有。他们俩瘫倒在帐篷里。和博尔纳多不同，两名新加坡队员体力已经非常透支了，回到帐篷里的最后几步，他们真的是摇摇晃晃地拖着身体回去的。这对筋疲力尽的胜利者打算明天就离开南坳下山。

博尔纳多和我待了大约20分钟就走了。肾上腺素现在控制着他，他打算当天下午就返回二号营地。也只有像博尔纳多这样的人——生长在安第斯山，天生就是一个登山好手，并且已经攀越珠穆朗玛峰两次——才可能做到这一点。离开帐篷时，博尔纳多的脸上带着大大的笑容。

"这都是你的，贝尔。跟随上帝的脚步。"六周之前，他就说过同样的话。

两个小时之后，内尔和艾伦也到了。他们已经超越了杰弗里和迈克。体能上的优势开始显现出来。内尔激动地摇晃着我的臂膀。我们又在南坳相聚了，这种相聚给了我力量。

杰弗里、迈克与另外四个夏尔巴人一起到了。其中三个夏尔巴人会和我们一起去峰顶，另外一个会跟我们一直走到露台地区。他们会帮我们把备用的氧气罐运输到这里，因为在那里我们需要更换全新的氧气罐为最后一段路程做准备。我们的计划是，这罐氧气将从峰顶一直坚持到返回露台地区。等我们从上面下来的时候，氧气罐用了十个小时一定会变轻，这时我们再把之前留在露台地区的没用完的氧气罐一起带回到四号营地。这中间，不能犯一点错误。

他们上来的时候告诉我，格雷厄姆在离开三号营地之后，开始返回了。他之前和我受了一样的疾病，知道自己没有足够体能走到峰顶，所以他跟随卡拉往下走了。格雷厄姆已经付出了许多。也许，这次并不是他的时机。我们两个都得了相同的病，我却还在这里。他接下来会发生什么，而又是我所不知道的呢？我赶紧把这个想法赶到一边，然后帮着大家一起搭帐篷去了。

南坳，这片没有生命的地方，人类几乎难以存活。我把面罩移动了一点，想保存点氧气。这时，呼吸到外面稀薄的氧气，整个肺里像是被一团冰冻的火焰在燃烧。在这么高海拔的地方，人体机能已经恶化得非常快，并且这种恶化是不能恢复的，相反的，人体需要依赖消耗自身的肌肉和骨质才能存活。你没有办法进食，同时，时间还在流逝。

我们费尽力气，好不容易又支起了两个帐篷。天气状况现在变得更糟糕了，我们必须尽快躲进帐篷里。

我们从袋子里拿出帐篷，试图先固定住，但是强劲的风力马上就把帐篷从我们手里吹开，帐篷就在风里无助地任凭风摆动。本来只需要数分钟的事情，我们花了一小时十分钟才搭好帐篷。过程中，我们把支架插到了错误的位置，又不得不重来。大家都越来越冷，脾气也变得更暴躁。可是，搭帐篷这样的事情，我们已经重复过上千遍，甚至可以蒙着眼睛完成。尽管如此，在这里完成这些本应该很自然的动作却十分艰难，我们却像几个醉汉。我的手已经冻得不行。

当我们用一块石头把帐篷的最后一个角给固定住的时候，风更加凶残起来，以70迈的时速将南坳口上的云层朝我们推来。我们蜷缩在帐篷里，等待着夜晚的降临。

迈克、艾伦和杰弗里住在一个大点的帐篷里，夏尔巴人则在另一个帐篷。内尔和我一起待在博尔纳多的单人帐篷里。我们俩好不容易挤了进去，然后把所有行李都堆在风来的方向。这个帐篷的外层已经不见了，内层又有好几个洞，风不断地从破洞中灌进来。我尝试拿背包堵住洞眼，可是风照样钻进来。我换了个姿势，好让腿伸直一下。在出发以前，大概还有九个小时我们得这么待着。

我们开始缓慢地把冰拿来融化，这是一项费时费力但又不得不做的事情。在目前的海拔高度，燃料只能在更低的温度才能燃烧，过去漫长的事情，现在更看不到完成的希望了。在死亡区，你无法以正常的速度喝水，而通常烧一小壶水需要花上两个小时，补水的速度远远跟不上体内失水的速度。大家都非常渴，一口一口地抿着杯子里的热水，我们花了这么长时间才烧好的水，瞬间就被喝进肚子里了。如此，我们只得一壶接一壶地烧。

为了能在死亡区坚持至少17个小时，我们必须保证不能出现脱水情况。在这段时间里，吃或者喝这样的动作都是很难完成的。因为戴上两双保暖手套外面再套了一层手套，你根本没办法用手拿住吃的东西。

至于喝水呢，虽然我们烧了些热水，但不到半个小时，水就会冰冻。何况穿着这么多层的衣服，你的双手根本没法灵活移动。在这里，任何一点带有温度的装备我们都已经穿在身上，整个人看起来就像介于太空员和战斗机飞行员之间。在这里,任何一个普通的动作都不是那么容易完成。尽管喝水不可能,但仍然有人会带上一两个水壶上去,这是一种习惯。虽然水很快就会结冰,但对于登山者而言,带着水壶让他们感到安心。

坐在帐篷里等待夜晚的降临,让人有一种深深的宿命感。我已经精疲力竭、头脑昏沉,想到后面还有17个小时,就有点发怵。我觉得自己现在并不在最佳状态。我躺在那儿,从来没有像现在这样如此害怕。

我明白,过去我们所做的一切努力都是为了接下来的这24小时,但是,我还是希望这一天尽快过去。我试图拿另外的一面说服自己,想想我的家人,莎拉。奇怪的是,关于他们的记忆似乎飘在天边,离我好远。或许,他们跟我现在的感受是一样的。我伸手拿出面罩,慢慢呼吸。每过五分钟,我就允许自己戴上它呼吸一次。

在这种地方,无精打采的状态对人的影响是很大的。缺氧让人体慢慢蜷缩起来,你的四肢都被懒惰灌满,难以移动。这种情况下,你开始意识减弱,注意力下降,戒备放松,对周围的环境盲目冷淡。我花了十分钟转过身来,在身体左侧找到我的尿瓶撒尿。做任何事情都步调缓慢。我的尿液呈现出深棕色。内尔开始咯咯笑。这意味着,我已经输了我俩的赌注,因为我们的打赌还没有开始,我就已经处于严重脱水的状态了。我也虚弱地嘲笑着自己作为回应。

"我们等着瞧瞧你的吧。"我慢吞吞地说道。

帐篷门帘的拉链坏了,只能半关上。透过开着的口子,可以看到外面的路。寒风在陡峭的冰面上穿越,将细碎的雪沫高高扬起到空中,然后猛烈地追着雪沫四散开来。

从这里,可以看到当时米克跌落的地方。在这片深壑里,那地方看起来出奇的安静。米克这样大难不死，是有多么幸运，或者有其他什么神灵在保佑他？我的脑子里一片混乱。我想到那些在这里牺牲的勇敢的著名的登山家们，他们与梦想一起在此长眠；想起那些不曾准备牺牲却殒命于此的人；还有其他许许多多的人。这些人都是意志坚决，然而，大山还是没有给他们机会。这让我很困惑。

我想知道，我们会不会走到顶峰。那里，感觉还那么遥远。也许，我们会和其他人一样，非常接近，最终却空手而归；又或者，命运会来个大转弯，我们会不会加入那些永远也回不了家的人的行列。面对未知的明天，我忍不住害怕起来。我又往炉子里添了几块冰。

希拉里在1953年第一次成功登顶珠峰的那次远征中，他们在南坳位于露台地区搭建了一个帐篷作为备用营地。可是，我们并没有多余的营地。经验告诉我们，更有效的做法是一鼓作气从南坳走上去，正是因为如此，出发前的最后一天变得格外煎熬。

1996年的登山事故发生的时候，从南坳往上行的一路上都设置了绳索。可是，今年我们在这里的时候，绳索到南部顶端就没有了，导致此次登顶冲刺非常危险，米克的坠落就是个例子，一切都必须完美地进行才行，任何的失误都是不允许的。这让我们每个人更有压力。

时间走到晚上7点整，还剩半个小时，7点半，我们将开始出发前的一切穿戴准备工作，这会需要至少一个半小时。穿好后，我们身上、脸上的任何一寸皮肤都不会看到，每个人都变身成奇怪的蚕蛹形状，缩成一团，等待着命运的安排。

我伸手拉开背包最上面的小袋子，拿出包在塑料纸里的从《圣经》上撕下来的几页经文，然后小心地打开，这是我为这个重要的时刻而特别准备的：

就是少年人也要疲乏困倦，强壮的也必全然跌倒。但那等候耶和华的，必从新得力，他们必如鹰展翅上腾，他们奔跑却不困倦，行走却不疲乏。

——《以赛亚书》40章，30-31.

这些言语是我站在这里唯一有力的支撑。我的上帝是唯一理解我的人。这些话是我唯一的慰藉。我知道，我远在英国的家人对于我现在正在经历的一切非常陌生。在接下来的24小时里，它们将在我脑海里支撑我继续向前攀登。

没过几分钟，夜色已经笼罩了整片山脉，月亮也已经藏起来看不见了。我们错过了满月，这让夜间的能见度变得更低。

随着夜晚降临，风力慢慢小下去，帐篷晃得没有之前厉害。我们又开始了繁冗的准备工作。

干到一半的时候，内尔准备"完成冲刺前的最后一泡尿"。他盼望着在我们之间的"纯净尿液比赛"中摘得桂冠。我觉得他会如愿以偿，因为整个下午他一直在补充水分。内尔跪下来，开始小便。可是，出来的液体比我的颜色还要深，还要浓稠。这让内尔很懊恼。我忍不住笑了。

"我想结果已经很清晰了，内尔。胜利者的奖品就是喝掉杯子里的最后一口水。"我一边说着，一边有滋有味地咂吧着嘴，然后大喝了一口。内尔大笑起来。

20分钟之后，帐篷里乱七八糟，我们都快累趴下了，我拿出一只崭新的电池放进我的头灯里，一定会派上用场。在寒冷的气候下，电池的寿命只有正常情况下的十分之一。我把电池装进帽子里，打开控制开关，一道明亮的光束顿时投掷到地面上。我们慢慢地从帐篷里爬出来，现在，时机已到。

我们决定晚上9点离开，这个时间比一般的出发时间都要早。可是，天气预报表明，上面的风力更劲，并且会持续到第二天。所以，我们需要在风力变得更狂躁之前，尽可能地在夜里往前多走一些。除此以外，另一个提前出发的原因就是我们不想再等待下去。等待是最让人心烦意乱的了，我可以随时出发随时结束，但是，我再也不想等待下去。杰弗里、艾伦，还有迈克也从他们的帐篷里出来了。他们将沉甸甸的帐篷放到身上，然后慢慢地朝我们走过来。经过一番精心穿戴之后，你真的很难分辨出谁是谁。耳边唯一听得见的声音就是鞋底钉刮擦石头发出的声响。

夏尔巴人的帐篷还是没有什么动静，内尔过去催促了一下。然后，听见他们喃喃地说话。他们也很疲惫，他们说会在十来分钟后出来，让我们先走，会随后赶到。我们没有再说什么。

我们朝前方300米的冰面前进。有人的鞋底钉触碰到了地上的一只破玻璃瓶，发出刺耳尖锐的声音。但是，没有人回头看一眼。我们五个缓慢地朝南坳移动，就好像有某种神秘的力量在我们之间传递。我觉得，我们像是黑暗留在地面上的影子。很快，帐篷就在我们身后消失。

当我们走到冰面的时候，地表的梯度陡然增加。我们弯下身子，以降低坡度，慢慢地往前移动。随着脚步的移动，头灯照射出的光在地面上慢慢晃动，带着我们一步一步往前移动，它告诉我们鞋底钉应在何处，冰斧应在何处下落。灯光所及之处就是我们的世界的全部。

　　随着时间推移，队员之间的距离慢慢拉开来。这非常正常，你也等不起每个人，至少在这里不行。每个人都在为各自的生存斗争，这是促使每个人继续步履不停的原始驱动。

　　我们的队伍分成了两个小组。艾伦、内尔和我走在前面，迈克和杰弗里走在后面。没过多久，大概有两个小时的时间，我们走在前面的三人在一处边缘停下来休息，再往回看的时候，迈克和杰弗里的两盏灯已经变得越来越远，越来越小。这里冰面的地势比山上其他任何地方都要险峻，而且，我们还没有绳索的保护。我将鞋底钉踏入冰内，希望它们可以支撑住，然后倚着冰面站着。

　　"怕吗？"艾伦平静地问道。这是上来这么长时间以来，我们有过的唯一的交谈。这些话，透过艾伦的面罩传来，听起来就像来自遥远的地方。

　　"嗯，有点儿，"我回答，然后又补充道，"但是，假设我能看清这里有多陡峭的话，估计我会更害怕。"这是真的。黑暗让你看不见危险，你可见的只是面前的一小块冰雪之地。稍微休息一会儿，我们站起来又继续往前走。

　　我们就这样两步一歇地往前前进，不断重复着相同的动作、节奏，这让我感觉自己仿佛迷失在这片超现实的环境之中。内尔、艾伦距离我只有数丈的距离，可是，我们完全忙于各自的战斗之中。每个人都是孤独的，这大概是我感到最孤独的一次行走。虽然我的身体需要一点休息，但还是赶紧他们的步伐继续向前，我不想和他们分开，他们是我在这里所拥有的全部。

　　午夜时分，我们遇到了一阵大雪，完全在意料之外。深厚的积雪让前进变得更加困难，每往前走一步，我们就会往后滑一点点，所以，每走三步才走出平时在平地上前进一步的距离。雪灌进了我的面罩、手套里，护目镜也开始出现雾气。

我忍不住诅咒起来。该死的露台到底在哪？肯定就快到了。我抬头往上方看看，冰层和岩石都隐藏在一片漆黑夜色之中。我下意识地摇了摇头，我知道，自己感觉到有些疲惫。

之后的两个小时里，我试图让自己麻痹在疲惫感中。雪依然不断地飘进我的护目镜里，步子还是不稳，每次都会往后滑，你也预测不到前方又是什么景象，我不在乎，也不关心，只是一个劲地往前走，不断地让自己遗忘。

凌晨1点的时候，我们终于翻过了最后一片障碍，瘫倒在露台的雪地里，激动兴奋又一次充满了我的血管。我们现在已经坐在和洛子峰顶一样的高度上了，海平面以上27,700英尺高的地方。我把供氧流速下调到每分钟一升，因为现在没有前进，这样能节省下来一些氧气。我靠在雪地上，闭上眼睛，又开始了漫长的等待。

我们必须等到其他夏尔巴人的到来，他们会给我们带来备用的氧气罐。然后，我们会换上灌满氧气的氧气罐继续前行。这些氧气足够支持我们从山顶返回到露台地区。整个来回大概需要十个小时。在山上，氧气量是维持登山时间的最重要因素。如果不能在预定的时间里到达山顶并且完成折返，你就必须有足够的自制提前返回。但是，当山顶如此近距离地出现在眼前，自控力也不会那么奏效，这就是为什么有人死在山上。

我们三个人蹲坐在雪地里，等待着杰弗里、迈克和夏尔巴人的到来。这里非常冷，刺骨地寒冷，气温是零下45摄氏度。

我缩成一团，好让自己暖和一点。脚趾头已经开始麻木了，我活动了一下腿。

凌晨两点的时候，还是没有一点有人上来的迹象。我们都没说话。大家都缩在自己的世界里默默地斗争，抵抗严寒还有冻伤的可能性。在氧气不足的情况下，冻伤的发生率是很高的。我活动了一下脚趾关节，把手掌放在胸前，祈祷着。"快点来吧。"

突然，面前的整片天空都亮了起来，山体晃到眼前就像在白天一样，然后又突然消失了。我睁大眼睛往天上看，然后又看了看内尔。闪电又再次出现，紧接着雷声的闷响从山谷里传来。

不该是这样的，发生了什么？

没过几秒，天空又突然亮起来。这是雷暴。它正从山谷里往上升。我们目前的位置比它高出5,000英尺。我这辈子还没见过这样的景象。我只能睁大了眼睛，呆呆地望着，太不可思议了。我们三个又紧张地相互看了看，心里都非常清楚这意味着什么。

如果雷暴靠近我们，后果将是致命的。整片山脉都会被淹没在狂暴的冰雪野风之中。我喃喃地默念着："它不会来的，它不可能过来的。"

此时此刻，还远远地落在后面的杰弗里和迈克也蜷缩在雪地里斗争着。

杰弗里的供氧装置出了些问题，氧气的流速不正常，导致他呼吸不畅，直接影响到他的前进速度。杰弗里小心翼翼地继续往前走，已经和迈克拉开了距离。这时，他也看见了山谷里的闪电，杰弗里完全被眼前的景象震住了。他挣扎着继续往前迈着步子，可是很快，他就意识到这样不过是徒劳而已。以现在的速度，他永远也走不到山顶。他不得不面对自己无法到达山顶的残酷现实，脑子里开始出现了激烈的斗争和矛盾。

尽管杰弗里并不缺乏勇气和自控力去完成那些别人不愿去做的事情，但后果是以性命为代价的。杰弗里停住了脚步，然后，慢慢地开始返回。他必须退回到相对安全的四号营地。杰弗里的挑战已经到此结束。他孤立无援，所以，放弃是他唯一的选择。

迈克在杰弗里开始返回后没多久也已经往回走。迈克整个一生都是在攀登，他很清楚自己的状态。他太劳累了，用他自己的话说，"我感觉不太对劲，特别是看到那片闪电的时候。我真的不想继续走下去，身体已经撑不住了。之前的伤情还没有痊愈，如果真的不放弃的话，我连命都会保不住。"又一个勇敢的登山者折回了，这真的需要很大的勇气。现在，露台地区只剩下我们三个还在上面了。我们还在等待他们过来，对于他们返回的事情丝毫不知情。凌晨3点，我们已经接近极限，快撑不下去了。这时，我们看到了夏尔巴人头灯的亮光。

"谢天谢地，噢，老天，太感谢了！"我自言自语道。由于寒冷，我已经开始感到浑身麻木，如果他们还不来，我不可能再坚持这么坐着了。

夏尔巴人给我们带来了崭新的氧气罐，我们赶紧换上。我们必须把现在用的氧气罐从调节器上取下，再把新的装上去。在大本营的时候，完成这些动作都是轻车熟路，蒙着眼睛也不出差错。可是，在这么高的地方，又黑又冷，完全是另外一回事了。

我脱下最外层的手套，这样才能拧开调节器。我的手忍不住在发抖。终于把旧氧气罐换下，我试着把新的氧气罐安上，可是手抖得越发厉害，动作开始变形，螺丝也拧不上，动不了了。我忍不住又大声咒骂了一句。

内尔和艾伦已经准备好了，艾伦刚刚朝山脊的方向出发。我急躁起来，一顿乱摸，"快点，该死的，快点！"

我感到整个形势都在朝着对我不利的方向而去，我开始失去耐心和专注。我们这么不易地终于走到了这里，难道就是要到这来证明自己是失败的？内尔在我身边不住地发抖。他已经等我好一会儿了。

"快点，贝尔，快把这该死的东西弄好。"可是我什么也不能做。内尔现在双腿已经开始失去知觉。他已经冻伤得很厉害，我每耽搁一分钟，他的冻伤就更加糟糕。内尔不得不使劲弯曲脚趾头，可是，却感受不到知觉。

我们俩围住氧气罐，发了疯地试图松开螺丝钉，突然，螺丝松了。我重新把氧气罐装上去，再试一次。这一次安装得很顺利。我的双手已经冻僵了，还没等把调节器拧紧，我就把手缩回到夹克衫里好让手有点温度。过了十秒，我才把螺丝拧紧，然后把氧气罐塞进背包，这才准备完毕。可是，还不能松口气，我们已经失去了十几分钟宝贵的时间，必须立刻出发才有可能走到山顶。

一个夏尔巴人本应继续往前走的，他突然停了下来，然后转身往回走。这三个夏尔巴人是一队的，应该一起行动，这是怎么回事？那个夏尔巴人解释说，他担心风暴会过来，上面太危险，他想下山。对此，我们无法阻止。

另外两个夏尔巴人愿意继续走，但是他们想在露台多休息几分钟。我们没有多说什么，内尔和我便跟随在艾伦后面，继续往前走，这样可以一直到南部顶峰。

我们往前走了没多久，我的身体就开始暖和起来。我可以感到体内的血又流回到脚尖，腿也没有之前僵硬。我的呼吸又开始强烈起来，我的眼睛一直盯着脚下前方的雪地。我注意到，天色开始亮起来，风暴已经过去了。随着我们越来越靠近，大山开始向我们打开他的怀抱。我能感受到一股强烈的力量。脚下非常有力。

我越过内尔，告诉他我必须得继续往上，因为走快一些能让我保持暖和。他缓慢又疲惫地向我点点头，头压得不能再低，已经是累得不能再累的地步了。但是，我知道他不会停下来，因为他很清楚自己离目标已经非常接近了。这一天是5月26日，15年前的这一天，内尔的爸爸去世了，当时内尔才只有19岁。现在，在28,000英尺高的喜马拉雅的清晨，尽管已经错过两次，他再一次发起挑战，其中有多少辛酸苦涩。我相信，此刻，内尔的爸爸一定会在天上看着他，为他加油鼓劲。内尔靠在冰斧上休息片刻，我知道他不会回头，既然如此，那就继续走下去吧。

我浑身这股力气倒是让我有点担忧。我想，会不会是吸氧量太快的缘故，有可能现在的供氧流速是每分钟3.5升而不是2.5升。如果是这样的话，我的氧气罐很快就会空了。我的脑海里开始过滤各种可能性，又再次检查了调节器，上面的确显示的是2.5升。这应该没什么问题，但是，米克之前出现的情况又在我脑子里浮现。如果真这么不幸地让我也遇上了，也无计可施。我只能默默祈祷自己的供氧器一切正常，不要这么快就出问题。

走了大约一个小时，我们又遇上了大雪。那股力量依旧存在，不断流向我的四肢，流向每一个脚步。我已经可以看见前面不远的艾伦了。由于积雪太深，尽管费尽力气，但艾伦似乎一直在原地不动。我抬头看看天，只有雪花漫天飞舞。

右边是峭壁，陡然下降，非常骇人。现在，我们和身下遥远的西藏大地之间是8,000英尺的垂直距离。我把目光收回到自己的脚上。我的所有注意力完全集中在伸脚抬脚落脚的动作上，甚至都没意识到脚下喜马拉雅山脉展现出的壮丽和神奇。每次积雪没过腰际时，我就忍不住感到生气，我知道，我可不能这样在雪地里支撑太长时间。

在南部峰顶下面没多远，我们找到了队伍第一次登顶尝试时留下来的绳索。我立即把绳索套在身上，这多少让我感到安心些，至少有了绳索的牵引，身体不会向后滑了。我整个人已经累得不行，便让绳索支撑着身体的力量，像一团球一样缩起来，闭上眼睛，开始休息。

靠近南部峰顶时，风又大起来。当风旋转着经过我的脚边，带起地面的积雪狂乱地飞舞。

我想起来很多年前来到这里的登山者诺埃尔·奥德尔对他亲眼所见的描述。他说："狂风肆虐之中，迷雾环绕的峰顶冷漠且带着轻蔑的嘲笑俯视着一切。"70年过去了，这里一点没变。我继续慢慢往前挪动，不断告诉自己，南部峰顶就快到了。

从某种角度来说，通往南部峰顶的最后几十米是我此生中走过的最艰难的一段路程。我还没有体会到接近峰顶时肾上腺素往上涌的感觉。相反，我感到疲惫极了，现在，每走两步就要停下来休息一次。

内尔快赶上来了，我不能停，继续走。当时，我脑子里唯一的念头就是走到南部峰顶。你已经这么接近了。走在前面的艾伦已经跌跌撞撞地走到了。可是，就这么点的距离，却好像永远也无法到达终点。

现在，我感到身上的能量在一点点消失，我的身体已经发出要求停止继续往上走的强烈信号。第一次，我忍不住呻吟出声来，好像这种发泄能把这些天身体里积郁的劳累释放出来一样。但是，我不能，我不能回头。

我就像个醉汉意识不清地往前走，根本没有意识到身边的事情。已经到了海拔28,700英尺的南部顶峰地区，走着走着，我突然仰面朝上倒在一片背风的地方。我的头靠在冰面上，眼睛紧闭着，呼吸更加急促起来。但是，我非常缺氧，但是，只有这每分钟2.5升的氧气流出来，只有这么点，这太不够了，并且，氧气罐里的氧量每秒钟都在减少。

好像飓风一般强烈的气流从我们头顶上方呼啸而过，伴随着阵阵哀嚎。我一直担心自己会因为体内供氧不足而发生什么意外。氧气罐被埋在背包最下面，我没办法拿出来检查流速，何况气候这么寒冷，实在不适合浪费体力和体温大费周章把我们已经知道的事情再确认一遍。我可以心算一下的。我试着在脑海里做算术。但是，受空气稀薄的影响，连做这么简单的心算都做不了。我只好放弃，然后为自己脑袋转得这么慢而懊恼。看来，我只能赌一把了，这是我唯一的机会，我必须把握住。我默默祈祷，希望自己的决定是正确的。

前面是通向珠穆朗玛峰的最后一片山脊，希拉里台阶就在那里。在希拉里台阶以上250英尺的地方，就是我的梦想之地。

大雪随着狂风不断地倾泻下来。背风面，云层形成了旋涡。

凝望着眼前的景象，我的整个身体都空了，轻飘飘的，所有的能量都从我体内抽走。这片山脊就像一团迷雾，在我眼前若隐若现。可是，当我躺在那里凝望的那几分钟里，在所有这些阻碍面前，我感受到一种平静。内心深处，我知道自己可以完成。我知道，我会找回那股力量。我越是看着这片山脊，越是感到有一股强大的能量流在我体内传输。希拉里曾经说过，他说山脉给了他力量。直到此刻，我才真正明白这句话的含义。就是现在，在我最虚弱的时刻，我躺在这里，我体会到了山脉传递给我的强大的能量。

虽然最后这片山脊只有400英尺长，但它几乎是沿着地球表面最险峻的路线蜿蜒蛇形。山脊的两侧垂直削去，东面是西藏，西面是尼泊尔。陡峭的花岗岩那边是尼泊尔，而西藏那一侧是积雪覆盖。就像行走在刀刃上，我们丝毫不敢大意，慢慢地接近希拉里台阶。这是通往顶峰之前的最后一关了，随着步伐慢慢前进，我感到那股力量一直伴随我左右。

有关登山者罗伯特在这里遇难的故事我已经不知读过多少遍，我相当清楚会在哪里看到他。那些故事谣传都是真的。就在我左前方仅十英尺的地方，我看到他跌倒在地，半埋藏在雪地里的身体。已经过去两年了，由于这里的寒冷气候，保存了罗伯特不朽的坟墓。罗伯特最后一次和他妻子通话中，他已经站在南部顶峰之上，只要再往上翻越区区十英尺的高度，然后就能下山了。可是，疲乏劳累已经将他死死钳住，他再没有多余的力气抬起脚步。罗伯特就死在他现在倒下的这个位置。距离我不过十英尺。我重新把目光收回到脚下的山脊里。我不知道此时脑子里应该想些什么。

我早已知道在这里我们会看到许多登山者的尸体，可是，不知为何我却没有准备好目睹这一幕。每个人都很清楚攀登珠峰的危险：这是成年人的游戏，要玩就必须接受它的规则。我清楚地知道这一点，可是，当这些尸体横陈在眼前，我还是被震住了。那种场面和心情，我真的无法用语言来描述。罗伯特不过是当天遇难的人中的一个，可是，现在我离他的距离最近。我们继续往前走，但是第一眼看到罗伯特的那一幕在我脑海里挥之不去。怎么了你，集中精神，贝尔，集中。奇怪的是，我察觉自己并没有因此感到惧怕，一点儿也没有。相反，我产生了一股完全不同的坚定的信念——一定要活着。

风猛烈地鞭打着绳索使其剧烈晃动，我将冰斧凿进右手边的檐口以保持平衡。这时，在冰斧正要下落的地方，雪突然下滑，只刚好擦到了檐口，我晃动了一下身体才又稳住。我不明白，这地面应该是坚硬的才是，雪怎么会这么松软呢。我们又继续前进了一段，慢慢地，我才意识到，原来我们脚下的地面是一片冰冻的水流边缘，而西藏大地就在水流8,000英尺的下方。我甚至可以从刚才积雪覆盖的缝隙之间看到陆地。我小心翼翼地挪动着冰斧，从低一点的角度落手，又紧紧拉住绳索，保持自己能够稳稳地站住。

终于走到这片山脊的尽头，我们倚靠着冰斧休息一下。希拉里台阶现在就在我们面前。这片40英尺高的冰墙把峰顶掩藏在身后。如果还是在海平面的话，想象你在某个阳光灿烂的冬日里，在湖滨地区进行冰层攀岩，那是非常令人愉悦的事情。可是眼下，在湖滨地区以上29,000英尺的无人之境，我们哆哆嗦嗦地站在狂风中，这段攀爬成了我们最后也最困难的测试。这次考试也将决定我们会否加入那些长眠在雪地里的遗骨之中。如果真是这样的话，我们就将成为第31个和第32个英国人。虽然这个榜单基数很小，但绝对是全球限量的。此刻，我的心脏比平时任何时候跳得都快。

我记得在翻越冰瀑地区最后一段崖壁时，当时腿发软，这让我担心了好一阵子，怕相同的情况会再次重演。如果我的腿真的这么不给力，我将无力挽回局面。休息的时候，我试着不让自己去想这些，我们必须尽快开始。这和冰瀑上的崖壁坡度是一样的，90度垂直而上，还要再高一点罢了。我挣扎着站起来，套上第一根绳索，依然有些畏惧地往上看着。

我好不容易爬上一片面积不大的平台，紧紧地贴着冰墙喘息一下。面罩紧紧地压住我的脸，几乎将护目镜粘在我脸上。在我的正前方和右前方，一段绳索杂乱地散落在冰面上。这些都是以前的登山者留下来的。我试图让自己集中注意力分清哪个才是我需要的正确的绳子，但脑子实在转得太慢。

你知道，你以为你的头脑有多敏锐，只有测一测才知道。这些绳子可把我搞糊涂了。我不明白，为何我的脑子现在就不能正常地工作了，只好闭上眼睛又张开，试图集中注意力。

一年以前，一个冰冻了的登山者的遗体在这团纠缠杂乱的绳子上被发现。死者是英国登山者布鲁斯·赫罗德。1996年，他和南非登山队一同前往，但再也没有下来。没人知道发生了什么事情。真相一直到去年才被发现。经过的登山者在这团乱麻一般的绳子里找到了他。原来，在下降的时候，他挂错了一根绳子。那些绳子纠缠在一起，布鲁斯困在绳索之间下不来，而且他当时早已没有力气再采取任何行动，只能被悬在空中任凭风吹打。现在我所看到的绳子，不过是些残余罢了。

我找到了那根正确的绳索。

等我翻越最后这片陡崖边缘，我直直地趴在地面上，解开绳索的时候还没力气动弹。我向下看一眼刚才经过的地方，积雪已经被压出一条清晰的道路，这样内尔就可以很容易地找到方向了。我放心地收回目光，仰望着天空，又凝视了好一阵。

前方，只有200米的距离，走过一段缓和的上坡，就是我魂牵梦绕许久的珠穆朗玛峰顶。我的血管又开始沸腾起来，甚至能清晰地感受到体内突然涨起的那股力量。此生，我从未像此时这样，同时体会到自我的强大和渺小。我的脚步开始不由自主地往前走，朝着前方那一簇簇在风里飘扬的极小的旗帜。在山顶的微风中，这些旗帜轻轻摆动着，无声地告知后来者，这里就是珠穆朗玛峰最高点——这里是梦想实现的地方。

我没有想到，通往峰顶的最后200米的距离竟然是最平坦轻松的。当我站在这里之前，我已经不知在危机四伏的沿途受挫了多少回，在冰天雪地里不知多少次跪倒，留下了多少步脚印。而这里，缓和的道路向我敞开，正殷切召唤我继续前进。

可是，不管我多努力地移动身体多渴望尽快走到峰顶，总感觉自己一点也没有前进。于是，我尝试去数步子。可是，老天，这么久了我怎么才数到四呢，其实，数到二的时候我已经脚步不稳，有点找不着北了。由于过于疲乏，数着数着我已经不知数到几了。我就像一只荒野里饥饿的动物，大口大口呼吸着，想尽可能多地吸进氧气。慢慢地，山顶开始变近了。

我终于靠近了，不知从什么时候开始眼睛里已经盈满泪水。当我步履蹒跚地走过最后这几步时，我感到自己在过去的这一年里，我所有的辛酸苦辣，所有的不容易都统统随风而去。我拖着疲惫衣衫褴褛的身体慢慢地朝眼前这块面积不大，从儿时起就开始梦想的地方接近。这最后的100米，无疑是我人生里最长最长的路。

终于，5月26日，上午7点22分，珠穆朗玛峰顶向我张开了她的臂膀，欢迎我的到来。护目镜下，泪水早已奔出眼眶在我脸上肆虐。也许，珠峰可能觉得我还配得上站在这里吧。我的脉搏开始加速。在一片迷雾之间，我猛然察觉，自己已经置身于世界之巅。

艾伦拥抱了我，我可以看见面罩下他激动的样子，嘴巴不停地喃喃地说着什么。我们站在那儿,我们之前所有的不同都消失了。现在,我们俩一起站在这里,这才是最重要的。我转过身,可以看见内尔正努力地朝我们走过来。随着他的脚步越来越近,我召唤着内尔赶快到我们身边。

就在内尔走近的过程中,神奇的事情发生了。风开始慢慢地消停,太阳渐渐地从隐藏着的西藏大地上冉冉升起。就像天空施了一片魔法,脚下的山群沐浴在一片深红色之中。

内尔终于站在了这里。他突然双膝跪下,在胸前画着十字。内尔从来没有表明他有宗教信仰,但是,不知为何,我一直都能感受得到。站在29,035英尺的高处,为了节省氧气,我们都摘下了面罩,内尔和我就像兄弟一般相拥在一起。今天,正好是内尔爸爸的忌日,我想我知道这一刻对他意味着什么。我又重新站了起来,慢慢地环顾四周。我的目光炽烈地燃烧,我发誓,我可以在这里看见半个世界。

Bear Grylls
A special trip to climb mount Everest

17　时间把时间借给了我

世上有些地方没有多少人可以到达，而有幸目睹的人将在那找到一种特别的魔力。

——19世纪印度传教士

整片西藏大地在我们脚下徐徐展开。我在想，恐怕没有哪种望远镜可以比我们现在看得更远。我一点儿也不觉得离世界遥远，相反，我感到像在家一般安宁。山顶只有一片大约六平方英尺大小的地方。我站在那里，控制不住地笑起来。

我们坐在上面，只是这么凝望着过了大约20分钟。整片天空就像从这里向各个方向弯斜，仿佛地球从此拐了个弯。我所能做的就是怀着无限的惊叹凝望，凝望。我希望，这一刻永远也不要结束。我脸上挂着微笑，心里想着此时此刻莎拉还有我的家人都在做什么。他们可能正在睡觉吧。他们比我更清楚现在在做什么，我边想边笑起来。我多么希望他们也能来到这里，亲眼看看我所看到的景象。这里，真的有魔力。这里，是神圣之地。

我曾经长久地凝视着过去著名的珠峰登山家拍摄到的峰顶照片。照片里，喜马拉雅山脉就像一块巨型桌布罩在地表之上。现在，我竟然这么幸运地站在这片小小的世界之巅，远眺世界各地那么多的山顶，就像许多只扭曲的手臂戳破云层伸向天际。我完全被迷住了。我曾经担心自己会因为疲劳或者紧张忽略峰顶的景色。不过，我错了。真正站到这里，三个月以来我第一次不感到疲惫。相反，体内有一股使不完的劲儿，我甚至都不敢眨一下眼睛。风轻柔地拂过我身下的山顶，这片世界屋脊，很安静。这种感觉就像是山因为某种原因允许我坐在它身上。

现代科技已经如此先进精确，可是此刻，我环抱着双腿坐在这里，我不禁觉得，没有任何科技可以将人类送到珠峰顶端。虽然科技已经可以将人类送上月球，但是，只有踏踏实实一步一步经历危险从珠峰身上走过，才有可能到达峰顶。这不禁让我感到有点骄傲。

为了节省氧气，我已经把调节器关了，面罩挂在胸前。我抬起头，深吸了一口气。29,035英尺高空稀薄凉爽的空气充满了我的肺腔。我笑了起来。

这时，我左手边的电台突然响起来。内尔激动地对着电台说话。

"大本营，我们需要建议……我们现在已经把地球给踏遍了。"

顿时电台那头爆发出一片欢腾。这是一种压抑不住的高兴和快乐。

内尔又把电台递给我。几个星期以来，我一直在设想着，如果自己能走到山顶，我会说些什么。可是，这些话完全没有想起来。我拿起电台脱口而出："我现在只想回家。"只有这么一句。这可不太像我以为自己会说的，但这是此时此刻我所想到的话了。

帕桑和安色林很快也到了，两个人的装扮就像直接从月球上送过来的宇航员还没来得及换装。他们俩被包裹得严严实实，一起脚步蹒跚地走到世界之巅。他们俩从小在一个村子里长大，一直都梦想成为登山者。今天，四年过后，他们走到了珠峰的最高点，他们的生命已经因此改变。回到他们村子里之后，他们将不再只是普通人，而是真正的夏尔巴英雄，珠峰登顶者。他们的经历会在他们的土地上传颂。我们给帕桑和安色林拍了一张两人肩搭肩的照片，然后两个人像孩子一般地两腿分开跨越脚下的世界屋脊抱在一起。我从未在谁眼中看到这样纯净的快乐。

之后发生的事情我记得不太清楚了。内尔一再告诫我，为了我的声誉，最好不要说太多我有多么开心的话。我不信他，但是，我记得自己跟大本营通话的时候的确有所保留，而且还是跟我远在千里之外给予我攀登灵感的家人通话。

大本营的同伴们想出了一个接通越洋卫星电话的土办法，就是把电话的听筒放到电台边上。在世界之巅听到我妈妈的声音，我突然发现我妈的嗓门怎么这么大。真不敢想象，然后信号很快就没了。

一直到现在，我妈妈还坚持说是我挂了她的电话，因为我觉得她破坏了这么美好的一刻。我仍然坚持我不清楚当时发生了什么事情，"挂掉自己妈妈的电话？怎么会！"

时间过得好快，正如没有什么是可以持续永久的。现在是7点48分，我们必须下山了。

内尔检查了我的氧气，我知道肯定没剩多少了。

"贝尔，你最好快点下山。"他突然紧张起来。

我还有不到五分之一罐氧气，我必须靠这点氧维持到露台地区。我怀疑自己是否能办到，如果还有一线希望的话，我必须马上离开。我收拾好背包和氧气罐，重新戴上面罩转身下去了。我再也没有回头。珠穆朗玛峰顶已经离我而去。我清楚，自己此生再也不会与她相见。

我在上面总共待了不过25分钟，而且很多时候都是在帮我的赞助者疯狂地拍照片。因为如果我不这么做的话，等我回去的时候，我可得有生命危险了。所以，我在上面只有极少的一点时间安静地眺望。不过，我所看到的那些景色，在那几十分钟里所体验到的奇妙将永远篆刻在我心上。那一幕早已远超出我最不切实际的想象。我永远也不可能忘记。

离开峰顶还没有多久，一股疲惫劲儿又附体了。之前那股促使我不停往峰顶走的力气都不知道跑哪儿去了，换来的是疲惫不堪。我真不敢相信，下山怎么会这么辛苦。我努力让自己集中注意力，但是，我的脑袋好像不断地在有意识和失去意识之间转换。

三个月之前，我就快离开英格兰的时候，某个跟我交流过的人的话在我耳边响起，是迈克·汤，他是一名带着两条伯尔尼兹山地犬经验非常丰富的登山者。我走之前，他跟我说过，"下山的时候，千万要小心，那是最危险的时候。"好奇怪，我现在很突然想起他的话。"这是最危险的时候。"

从统计数据来看，大部分的事故都发生在下山的时候，因为上山时的高度注意集中和肾上腺素作用消失了。你的脑子里只想着能尽快回到暖和舒服的地方，你对周围环境的警惕下降，变得注意力不集中。这样你就很容易失去平衡，或者拴错了绳子。沿路你可以看见那些因此而丧生的勇敢者的遗骸。米克真的非常幸运，他差一点就要成为他们中间的一个。现在我也必须无时无刻不保持警惕。但是，疲惫感不断袭来，让我的感官都变迟钝了。这大概是我和疲乏做斗争最艰难的一次。我觉得自己快要撑不下去了。

我在希拉里台阶上努力想尽快找到正确的那根绳索。我戴着手套检查面前这堆绳子，然后试着把身上的下滑器套上去。可是，下滑器滑动不了。我只好将绳索在身上的岩钉钢环上绕了两周弄成一个意大利结（虽然这个名字听起来挺危险，但其实是一种非常快速有效的绳索下降办法），然后戴着手套双手抓住绳子，通过身体重力往下滑。就这样珠峰峰顶再也无法回头望见。我再一次开始一个人战斗。

我穿越山脊，一口气胆战心惊地走完了罗伯特·霍尔之前倒下而无法走完的那段路。走完这段路就到了南部顶端，从这往后都是下山的路。

从南部顶端往下走了没多远，帕桑和安色林很快追上了我。虽然上去的时候我们比他们快，但现在我拖着疲惫的身躯，他们已经距离我非常近了。我身上还剩下的那点可怜的氧气也是导致我走得这么慢的原因。现在，帕桑和安色林，还有我三个人走在一起组成一支小队伍，我现在真的非常需要他们在我身边，这让我感觉到安全。

慢慢地，我开始感觉好一些了。我们又重新走过上山时被我们狼狈不堪地挣扎时开辟出的道路。此刻，我突然好想回家，虽然我知道至少还得等上好几个星期。从这里回到大本营还有三天险恶的路要走。我只能暂时把这个念头抛至脑后。我感觉到自己的氧气已经用完了，倒不是突然没有了，而是慢慢地你感觉不到面罩里有气体吹到脸颊上。于是我干脆把面罩取下来，戴着反倒憋气。

从这里我可以看见下面不远处的露台，现在，我只需要走到那里就可以换上之前留下的半满的氧气罐。我拖着双腿在雪地走着。往下走的时候，我连续几次摔倒在地，以致最后累到完全没有知觉直接跌倒在氧气罐边上。

我换上氧气罐，赶紧大口呼吸起来，身体又开始回暖。我们现在已经差不多下来了。四号营地在我们身下不过1,700英尺。米克正是在这里发生事故的，因为蓝冰表面没有绳子作为保护。我们不得不压抑住想要尽快抵达四号营地的激动心情，最后一关常常是最危险的。在死亡区内行走了接近16个小时，我们现在累极了，唯一的想法就是尽快到四号营地，有个干净点的地方，坐下来歇息一下，最后凝望一次脚下的喜马拉雅，然后我们就将正式下山离开这片神奇的大地。

现在，我们五个人都凑齐了，形成一支小队伍。帕桑、安色林，还有我走在前面带路，艾伦和内尔跟在后面。帐篷越来越近了，内心的激动开始强烈起来。那些小帐篷，在冰原大地上看起来那么弱不禁风，不受欢迎，但是，它标志着我们这次严峻考验的结束。氧气、水，还有充足的睡眠在等着我们。随着我们一步一步小心翼翼地往下走，帐篷变得越来越大，越来越清晰。

在经过那片深厚的积雪时，我比平时更加专注。很快，我们就走了出来又重新回到蓝冰上。在日光下，可以清晰地看到之前上山时走过的路线。我试图努力控制自己内心的激动，不至影响脚下的步伐。我的鞋底钉非常牢靠，稳稳地刺进脚下的蓝冰里。我知道，我已经离自己"家"更近了。非常近了。

我好奇杰弗里和迈克现在怎么样了,并且祈祷他们都很安全。到目前为止,我们还没有听到关于他俩的任何消息,就是知道什么,我们在上面也做不了什么。我知道,他们肯定已经返回了,希望他们都在帐篷里,或许他们正远远地看着我们也说不定。

回到南坳,我就像个醉汉在岩石之间翻越穿行。在冰面上走久了,现在突然踩到岩石上,感觉实在很奇怪。鞋底钉和岩石表面摩擦时发出锐利的嚎叫,我靠在我的冰斧上试图让自己保持平衡。现在,帐篷距离我们不过几丈之遥,我看到迈克正站在外面迎着风朝我笑着。我不确定当时自己是否也回笑了一下,我只知道自己已经快虚脱了。

长达16个小时的时间里,我们滴水未进,也没有吃任何东西。正如我们所预料的,离开南坳还不到20分钟,水壶就已经冻住了。我们已经超过40个小时没有睡觉,有一种身体和意识分离的奇怪感觉。我看到前面是我跟内尔的小小帐篷,还来不及脱下外层的衣服,双眼一黑就倒下了。

"贝尔,快醒醒,你得回到帐篷里。快醒醒。贝尔,听得到我说话吗?"迈克的声音把我叫醒了。我还戴着护目镜,位置有点歪了。我勉强笑着,点点头,然后挣扎着走进帐篷。我的头痛得厉害,浑身已经处于严重脱水状态,需要继续补水。我甚至已经有18个小时没有尿过了。

内尔和艾伦在脱鞋底钉和护具,迈克和杰弗里跟我在聊天。我猜,他们可能觉得我倒下的样子就像2世纪的木乃伊,非常滑稽,又或者他们看到我们安全回来总算安心一点,毕竟他们已经在此等待我们很长时间了,完全不知道上面发生了什么问题。迈克和杰弗里给我们准备好了热水，我真开心再次见到他们。

天色渐渐变暗，已经是第二次回到26,000英尺高的地方，大家又坐在一起聊开了。迈克和杰弗里道出了他们放弃上山的原因，当时的闪电，氧气的问题，还有害怕。杰弗里对于返回的决定有点后悔，但在那种情况下，按自己认为对的做，这没什么错。至少他现在还活得好好的。在过去的这24小时里，我感触最深的就是，活着比什么都重要。

那天晚上，迈克过来找我。他流露出一些意味深长的眼神。这几个月下来，我和迈克有很多机会在一起，我们俩都生过病，其他人都准备下山离开的时候，我们俩还待在大本营；在二号营地我们曾经共用帐篷准备冲刺；我们还一同从四号营地出发，只是最后迈克没有完成旅途。所以，到现在，我们已经对彼此非常了解。那晚，迈克以他一贯安静和20年登山经历特有的语气跟我说了一句这辈子我都不会忘记的话。他说："贝尔，我觉得你们这些人当时根本没有意识到身边存在的危险，换作是我，我会转身下来，你知道。"我笑着看着迈克，他拥抱了我。

早上9点，我们比预想时间稍微晚了一点才从南坳出发。风依旧在吹，雪下得很大，跟两天前我们到达的时候一点区别都没有。事实上，中间已经发生了这么多事情。我拴上绳索，开始往日内瓦马刺下滑。南坳再一次隐藏起来。

内尔和我走在一起，他比我走得快，但我毫不在意。我已经没什么需要抓紧时间去完成的了。我们已经上去了，现在我尽可以慢慢地走。离开南坳前，我就已经累得不行，浑身不舒服。昨天一夜都没恢复过来，我躺在帐篷里根本没睡着，只是活着而已。

接近60个小时不睡觉的后果开始显现出来。在洛子冰面休息喝水的时候，我不小心丢了水壶。我不记得具体发生了什么事情，只记得上一秒钟我还拿在手里喝水，下一秒水壶就掉到大概4,000英尺以下的深渊里去了。我皱皱眉头，这可是我从艾德·布兰特那借来的他最喜欢的水瓶。它跟着我一起到了山顶，要不是丢了的话，艾德会比原来更加珍惜它的。现在，我只能坐在原地干干地看着水瓶像一颗流星一样坠落下去。对不起，艾德，我心里嘀咕着。他会杀了我的。至少，它已经光荣地完成了使命。我不禁为这个好想法偷笑起来。

往洛子冰面走的这段路程感觉像上山一样久。冰原那头，二号营地早已在等候我们，虽然内尔一直在抱怨我怎么走得这么慢，但他还是在耐心地等我。我们还是一个队伍。三个小时之后，我们俩终于一起回到了营地。藤巴欢呼雀跃着，我们都还活着，这对他来说就够了。我和藤巴拥抱起来，这么长时间之后，我又一次闻到了他身上的机油味和牦牛肉的味道。再次见到藤巴真好。

安迪和艾格瓦也在这。他们俩看起来很疲惫。由于天气干燥，安迪喉咙发炎，现在几乎说不出话。不过，他们俩都成功了，一起到达了洛子峰顶，世界上第四高峰，行程的疲惫完全写在他们脸上。安迪微笑着看着我。从我们一起攀登阿玛达布拉峰开始，他就一直怀疑我是否有能力足够挑战珠穆朗玛峰顶。我从来不认同他的怀疑，因为对我而言，登顶不过是梦想而已。也许正是这一点，我们俩才成为朋友的吧。我们俩像在伦敦街边某个酒吧里撞见的朋友，很绅士地相互握了握手，然后同时爆笑起来。

那天夜里，我睡得很死。我喝光了最后一升水，然后钻进睡袋，之后发生了什么事情完全不知道。我纹丝不动地足足睡了有12

个小时，一直到第二天天亮。

我的眼睑就像贴在了一起，好不容易才把它们撑开。现在是早上5点半。

"贝尔，我们准备出发了，好吧？咱们靠得这么近我可睡不着。"内尔的声音从刺骨寒风中飘来的。我不情愿地转了个身。

"两分钟，好吗？就两分钟。"我回答道。

"我们6点出发。"内尔宣布。

"好，好，马上就好，行吗？"我疲惫地回应。"精力旺盛的躁狂者。"我还在梦着回到英格兰喝着热巧克力，就被内尔给吵醒了，只得挣扎着起来收拾包裹。由于已经把所有东西都从山上背下来，现在把背包放在肩上，感觉有一吨重。我又忍不住在心里暗暗地吐槽。

出发以前，因为一心期待着回到大本营吃到新鲜的燕麦，我们没有吃东西。相比以往，这次我们收拾的动作都是在慢慢地进行，慢慢地穿上鞋底钉，最后比原定时间晚了五分钟才离开。"这又怎样？没关系，反正我们是回家去。"我嘟囔着。大家的精神也明显比原来松懈了下来。

我们在冰川上走了大概一个小时，突然被迫停了下来。周围的山咆哮起来，回声响彻山谷。我们缩在一角，等待着。

在我们身边，努普色冰面的一侧崩塌下来。白色的雷电瞬间从空中俯冲下来。我们惊恐地望着眼前的一幕。白色的雪末溅起，形成一片巨型幕墙，整个西谷顿时被掩盖在这片巨幕墙之下。轰鸣声逐渐小了下去，我们站在距离事故发生大约500米的地方，不可思议地看着眼前发生的一切，都没缓过神来。我们幸运地躲过了一劫，如果再早五分钟出发，就难逃虎口了。我们怔怔地站在原地，第一次，因为迟到捡了条命。

这个插曲让我们大家顿时又开始警惕起来。我们还不可以放松，还没到放松的时候。我们刚才真的是差一点点就出来了。安全，心里想要抓住安全的念头从来没有像现在这样强烈过。随着旅途接近尾声，我们遭遇的危险也更大，失败的代价也更大。我们已经经历过峰顶，但仍然处在大山的掌控之下。现在，我们担不起任何的闪失。毕竟，在完全安全之前，我们还需要完成在冰瀑上的最后一段路程。我知道我们现在遭遇危险不测的概率很低。在部队的时候，我们有一句口头禅，"没听到胖姑娘的歌声就没有结束"。我现在，多么希望在这里听到胖姑娘的歌声。

我们每走过一片冰隙，珠穆朗玛就离我们更远一点。我已经在二号营地之上待了超过十天，现在大家都沉默不语，沉浸在自己的世界里。

在短短数小时内第二次经过西谷的时候，我又一次悄悄地在眼镜后面抹眼泪。我不知道为什么自己会流泪。我想到，现在爸爸应该在家里等着我回去。不知为何，我觉得，爸爸会理解我现在的心情，我只是太想回家了。我并没有刻意控制住眼泪，因为，泪水已经被含在眼眶里太久了。

我们在大雪纷飞中跋涉了两个小时，终于坐到了冰瀑边缘歇一会儿。脚下流淌的冰川水又一次向我们召唤。这时内尔又一次在胸前画了个十字，然后把手指停在嘴边。内尔顺着绳子往下爬，绳子被拉得非常紧，不一会儿就看不到内尔的身影了。我微笑起来，这时内尔做这个动作，他的内心肯定有什么在起着变化，我已经感受到了。我不再多想，收到内尔的信号后，轮到我拴上绳子，开始往身下这片玻璃般的大地靠近。

在我们离开的这段时间里,路线已经发生了很大变化,几乎跟记忆中的完全不一样。新安装上去的绳子在高低不平的骇人巨大冰块之间蜿蜒,稍不留神就可能掉入黑暗不见底的冰水里。我忍不住咽了口口水,开始行动,杰弗里和其他人跟在后面。这些冰块肯定在嘲笑我们的小心翼翼。但每往前面迈出一步,我的紧张感就少一点点,因为,每走一步离家就更近一点。

已经可以看见左下方的大本营了。我的体力就要沸腾了,现在浑身带劲儿。我几乎不敢相信,我们真的马上就要回来了。我觉得,离开大本营的这段时间,就像过了漫长的一个世纪。我好像用了整整一生才走完这段路。大本营的帐篷里已经亮起了灯,就像是在迎接我们回家。我不由得加快了步子。

12点零5分,我们最后一次从最后一根绳子上解下,穿过冰面走出冰瀑,我终于让自己放松下来。真不敢相信,但这的确是真的。我们到家了,虽然有点儿太简陋,但算得上是我们现在的家。

内尔和我都把鞋底钉往地上一扔,然后就像三岁孩子过生日派对一样抱作一团。我激动地转过身,回望那片自己曾经走过的冰川,不敢相信地摇晃着脑袋。我大口地喘着气。我真的要感谢珠穆朗玛峰,真诚地感谢她关注过我,让我从她身上走过。

从我几个月前刚刚来到这里准备出发到现在,这里的冰瀑已经变了模样,一些冰块已经在融化,变得难以辨认。现在,我们总算是可以安心了,真的安心了。我们奔跑着,地上是一洼洼小水坑,溅起冰凉的水花打到我脸上很舒服。我又猛地把头压到溪水里,然后高高扬起,水花在空中四溅。那些担心,那些紧张,那些压力,都在这过程中随风而去。太阳照得我们很暖和,我们知道,现在已经安全了。

当杰弗里、迈克、安迪、艾格瓦，还有帕桑和安色林回来的时候，大家再一次拥抱在一起。这是我感觉最棒的时刻，我们曾经共同经历了那些艰难困苦，现在的这种放松也只有我们这些人体会最深。你可以从每个人的眼神里看见，那么光彩照人。

回到大本营的那段崎岖不平的石头路，一直都是我们诅咒的对象。可是，这一次，这段路走起来却非常轻巧愉快。现在，我已经可以看见大家站在脏帐篷外面等着我们了。我太想看见米克了。

现在我的冲锋衣已经脱到腰际，夹克上的岩钉钢环还滴着水，我最后一次从身下卸下背包。内尔在我身边笑个不停。他现在看上去已经完全换了一个人。内尔从背后使劲把我的头扣在他的臂膀里，我们俩已经一起走过太长的路。

我转向米克，我们拥抱在一起。米克一直咯咯地笑，双手激动地和我，还有内尔握在一起。这次，是我们一起完成的。米克也曾亲身体验到山上的世界。他知道那里是什么样子，我们是一支队伍，一起翻越这座山，我们更是兄弟。虽然曾经距离山顶这么近，却没有到达，对此，米克没有太多遗憾。米克险些丢了性命，他的家人也恳求他不要再上去。米克做了一个真正的决定，并且现在好好地活着，这就够了。没有什么比这更重要。在我眼里，米克已经走到了山顶，他是我最勇敢的朋友。

我们还没有完全从刚才下山的过程中缓过劲来，身上还在流汗，脚下已经被冰水浸湿。沐浴在清晨的阳光下，我们大口地喝水。两个月之前，我们还没离开的时候，那瓶超大的香槟酒就像一尊佛像一般被供奉在大本营里。我们四个人花了20多分钟用冰斧和其他工具才把软木塞子弄下来。我担心软木塞子冲出来的时候，会把位于海拔17,450英尺的大本营弄出一个洞眼，所以开瓶子的时候，我躲到内尔身后。

"内尔，如果塞子等下不小心打中你，也没多大影响，反正你已经这么千疮百孔的，还是让我躲在你后面吧。"我提出。我们和香槟瓶做斗争的时候，内尔一直在咯咯地笑，握着香槟瓶子的手也不停地抖动。内尔试图用手臂挡住保护头部，但是还没来得及，瓶塞突然飞出来像一枚无方向的火箭在帐篷里弹了四下，最后落入了一只飞起的茶袋里。尖叫声顿时沸腾了。庆祝狂欢的时间到了。

我拿出两个月前帕里克送给我的一盒香烟，打开拿出一支，猛地吸了一口。我的病还没完全好，嗓子又干又涩，一口抽下去，咳得更厉害了。我往地上吐了一口痰，里面还混着血丝。这是我十个月以来的第一口烟，虽然很想抽完，但我不能。我把烟扔到地上踩灭，又喝了一口香槟。至少，我已经尝过味道了。

我仿佛喝了一加仑香槟一样，整个人已经晕晕乎乎，走路都飘着。可是我无所谓，我靠在墙边，闭上眼睛，脸上露出大大的笑容。

我就这么在墙边待了一个小时，才喝了不过三杯半，整个人像宿醉。登上珠峰对我来说意味着可以更加肆无忌惮地喝酒。但是，我可不该是现在这个样子。我摇摇晃晃地走出帐篷，眯着眼瞥了一眼太阳，周围的夏尔巴人看到我这副模样都大笑起来。我也笑笑，挥着手示意他们安静一点。我头痛得厉害。

艾德·布兰特宣布卫星电话可以用了，现在可以给家里打电话了。我想起被我丢失的艾德的水瓶。我偷笑一下，这事情以后再告诉他吧。我走进打电话的帐篷里，坐下，开始拨家里的号码。现在，我终于可以告诉安东尼上校我真的走到山顶了。我猜他肯定会说，他几个星期前老早就知道了，一想到这里我又忍不住偷偷笑起来。

那天下午，我和米克躺在帐篷里。我脱下衣服换上了崭新的袜子和保暖服，这是我当初为这个时刻特别预留的。这可是个好主意。米克戴着我的粗花呢帽子，不停地问我各种问题。我们就这么坐在帐篷里聊了不知道多少个小时。我真的非常想念米克。

"杰弗里看起来身上像甩了两块石头，我也才甩了一个半的体重，内尔是刚从慧丽减重中心训练出来的吧，不过你还是老样子嘛，腰上这么多赘肉。"米克又开始开玩笑。

"米格尔，你知道别人都怎么说吗？别人说，爬珠峰靠的是勇气、信念，还有巧克力。"米克不相信地摇着头。我偷偷地往身下瞄了一眼，米克真没骗我，身上真的有好些赘肉。

这时，亨利从帐篷外探进头来，脸上挂着开心的表情。亨利干得真棒，他成功领导了这整个远征队。在他的字典里，只要我们都活着，就是最大的成功，对他来说，这一点比什么都重要。现在，他看起来放松了许多。

"干得漂亮，孩子。干得真不错，对吗？"亨利笑着朝我说道。从阿玛达布拉峰开始，亨利就一直照看着我。他一直信任我，帮助我，我欠他的实在太多了。亨利的期望一直鼓励我坚持下去。我非常感谢他，他的帮助和建议一路伴随着我。不用说他也知道我有多么感谢他。

"我知道你心里有的。"他朝我点点头,表示他感受到了。

"我真的非常幸运,亨利,你知道。我非常幸运。"我说道。

亨利靠近过来,眼神散发着光芒。

"不,贝尔,你不是幸运。绝对不是。"他的语速变得非常快,充满力量,"你,年轻人,你非常努力,你独自完成了这一切。明白吗?你非常努力才做到了这一点,难道不是吗?"我想起我离开大本营之前和亨利的一次谈话。我们的眼神碰撞到一起,于是,我点点头。我们相视笑了起来,然后亨利又一路笑着走了出去。

日子开始变得平静轻松,内尔脚的冻伤成了大家关注的焦点。现在他的脚正处于严重冻伤的初期,整个脚和脚趾头都肿得很大。内尔担心他的冻伤能否恢复,我们谁都不知道内尔会不会失去这双脚,谁都不愿讨论。

这是当时我们在露台地区的严寒气候里长时间等待时留在内尔身上的印记。如果想保住这双脚的话,我们必须尽快让内尔接受治疗。安迪仔细地进行了包扎,保证双脚的温度,这样包扎后,内尔已经无法穿靴子,我们需要直升飞机把他带出去。

保险公司说,最快要到第二天清晨才能把我们带出去。我们在17,450英尺的高度,已经超出了直升飞机可以到达的高度。只有那些对当地地形有足够了解的尼泊尔的军事飞行员才有可能飞到这里。如果天气允许的话,明天早上6点半会有一架飞机过来接我们。我们满怀期待地等待着,但这都不足以让我失眠。我知道,这一夜我会睡得很好,就像好几百年都没有睡过一样。不知怎的,我又开始做白日梦,梦见自己有了一条狗。没错,等我回家的时候,我会有条狗,我告诉自己,然后,带着微笑进入梦乡。

"只能一个，只能一个人！"飞行员在直升机螺旋桨的超高噪音下喊道。我没在意，直接跳了上去。

"我是他的私人医生，不管任何情况，我必须陪在他身边。"我不容置疑地说。那个飞行员也有些愣住了。

"什么？"

"没错，不惜任何代价。"我坚持到，把内尔送进机舱。他朝我偷偷笑了笑，现在，内尔的双脚被包扎得像一大捆面包。我朝内尔快速地眨了眨眼。

那个副驾驶看起来也很困惑。"这种情况非常少见，如果你是他的医生，那么我把他送到罗布切之后可以再回来接你。这里空气过于稀薄，无法同时搭载两名乘客。"想到他们还要专程回来接我，心里有点内疚，然后很感激地点点头。

"是的，我必须坚持。"我继续说道，然后尽量表现出一头怀有身孕的骆驼想方设法逃避苦力活的那副样子，"我会在这里等的。"

我祈祷这事情千万不能让保险公司知道。否则，我会因此赔偿好多钱呢，我心里默默祷告。

直升机挣扎着再次飞起来，朝山下的方向飞去，在冰原大地上越过，然后，就在一片晨雾中慢慢远去。

米克和杰弗里根本不相信我的骗术会起作用。

"这将是你最后一次看到他们。"他们开玩笑地说。我坐在地上，向太阳的方向凝望，看是否能看见飞机回来。但是，什么影子都没有。

大概过了20来分钟，远远的地方传来一阵机器的声音，但仍然什么也看不见。我不敢太激动,我真的不想再走35英里的路程回卢卡拉,真的没那个力气了。"飞机必须要回来接我。"我默念着。

慢慢地,噪声变响起来,远处的天空,可以看见一个极小的直升飞机一样的小点正在朝这边过来。它真的回来了。我的心跳开始加速。杰弗里和米克都不可思议地摇着头。

"真不敢相信。"他们俩朝噪音传来的方向尖喊起来。现在,直升飞机已经飞到冰川上。当它刚一接触地面,我立即爬了上去,心中窃喜。我轻拍了一下驾驶员的肩膀,告诉他可以了。我身上只带了一件脏得不行的套头衫还有我的身份证件,其他所有东西都会让牦牛扛下山。我早想到了,如果这招成功了,我将会有一段时间看不到我的行李。

驾驶舱里,两名飞行员都带着呼吸面罩,他们直接从海平面的位置飞到上面,必须有额外的氧气输送。他们关上机舱,让直升机倾斜成一个角度,然后慢慢起飞。

飞机升了六英尺,这时,所有的警告灯都开始疯狂闪烁鸣音。直升机没能继续往上飞,而是又往下掉了三英尺。由于飞机缺乏足够的空气动力上升,这次尝试失败。我们又试了一次,仍然不行。一个飞行员检查了油罐,往冰面上倒出一些,然后又钻回到座位上。如果这次还是不成功的话,他们只能放弃带我下山。我不可能有这么重,我心里想着。

飞机再一次努力向上爬升,刚刚好从地面上抬起来,然后鼻子朝下,从岩石上掠过,驾驶员努力想给飞机加速抬升,手里紧紧握住操纵杆。目光不断在岩石和表盘之间快速移动。他们俩都紧张地冒汗。现在可不是去死的好时候,我想着,我才刚刚从山上安全地下来呢。我知道,几年以前曾有直升机在试图起飞的时候坠落导致机上所有人丧生的惨剧。我咽了咽口水,我不想这样死去。

慢慢地,直升机的高度开始往上升,眼看着冰原大地离我们越来越远。两个飞行员终于舒了口气,往背椅上靠。他们相互看了看,又回头看着我,朝我笑起来。差一点儿我们就都没命了。我猜他们已经知道其实我并不是医生,但是,他们也懂得,当一个人极度渴望某个东西的时候是会想尽一切办法的。这是他们回来接我的原因。我笑了笑,向两个飞行员表示感谢。

当我们的飞机离山谷的方向越飞越近,空气的浓度也开始更高。这时,我看见下面有个非常小的人形一样的东西,脚上还有两个大白点。"是内尔吗?"我自言自语道。我们现在要过去接他一起下山。这次,飞机很轻松地就起飞了。两个飞行员还带着面罩,又回头看看我和内尔激动地抱成一团,脸上显露出非常理解的表情。我们终于离开这里了。

米克和杰弗里比大部队先走一步下山,一路不停地走了约28个小时回到了35英里以下的卢卡拉。他们真的太不可思议了,我知道我绝对做不到,现在,我已经快要散架了。

就在米克和杰弗里开始了漫长的下山之旅时,我和内尔靠在机舱里,脸紧紧地贴在机窗上,望着我们过去三个月的生活逐渐变成模糊的影像,然后消失在远方。这片山峦又一次躲入迷雾之间,离我们远去。我背靠着内尔,闭上眼睛,珠穆朗玛,我走了。

Bear Grylls

A special trip to climb mount Everest

18 为什么会是我?

树林前方是一个分叉口，我走向那条少有人走的路，生命因此而完全不同。

——罗伯特·斯特

在过去的93天里,我生活在高山之上的世界,严寒、险恶、白茫茫一片是每天生活的一切。而现在,那个冰冷的世界正慢慢被抛在身后。随着直升机飞行,原先险峻的地形开始被丰富的植被替代,冰原变成了大片的温暖的黄色岩床,白雪则被绵延不绝的晚春山花替代。我感到氧气灌满我的胸膛,身上暖流阵阵。

在山上的三个月时间改变了我们每一个人。惧怕、担心、疼痛,同时还有对未知世界的向往紧紧把我们团结在一起。但是现在,我们比任何时候都想回家。飞越这片我们再熟悉不过的山谷后,我强烈地感到,家,离我们又近了。

印象中的加德满都到处烟雾缭绕,旧式的公共大巴穿梭在大街小巷。三个月过去,这里一点儿没变。我就像个天真的陌生人再一次回到熙熙攘攘的城市。我远离这一切太久太久。当我们在机场降落的时候,对城市环境的陌生让我有些紧张和手足无措。

一个完全不同的世界,正在迎接我们。

我们到达了博卡拉酒店,因为身上的味道,我不停地跟前台抱歉。在山上生活了几个月之后,我的衣服已经脏得不成体统,完全看不出原有的颜色。我很尴尬地轻轻挪开。不过,前台小姐倒是轻轻一笑,露出一副很理解的表情。我说了几句感谢的话,然后拿了房间钥匙。我已经有很久没有见过女孩儿了。

还在山上的时候,我最希望的就是能洗个澡。非常不幸的是,我上一次洗澡还是在20个礼拜之前。

当我慢慢洗去身上的汗水和污垢,浴室的地面开始出现一层颜色越来越浓重的污垢。我担心自己会一不小心滑到在这堆污垢里。不过,凉水从水管中洒落到身上的感觉让我非常放松。我安静地给自己唱歌。内尔坐在床上,喝着冰啤。他的脚还包扎着,不便动弹。

洗完澡之后,我围着浴巾靠在阳台上,轮到内尔去洗澡了。我看见去珠穆朗玛峰北面的俄罗斯队也回来了。他们小声说着话,动作迟缓地移动着背包,看上去每个人都相当疲惫。我穿上一件T恤,依然围着浴巾,手里抓着啤酒,快速地跑下去看望他们。当我和他们目光交汇的时候,我察觉有什么事情不对劲。我知道这意味着什么。有好几秒钟,我们谁都没有说话,只是看着对方。他们哭了,大胡子的俄罗斯壮汉哭了。

塞吉和弗朗西斯刚刚结婚,他们俩都很热爱攀登。攀登珠峰是他们俩共同的梦想,但是,这个梦想的结果是致命的。弗朗西斯是在到达山顶之后倒下的,没人知道是什么原因,也许是因为水肿,也许是心脏病发作,也许是因为体力过度透支。总之,她没有力气再往下走,而是坐在地上慢慢死去。她的丈夫塞吉去寻求帮助,在下来的路上,由于疲惫和绝望跌落下去,再也没有人看见他。

告诉我这一切的那个俄罗斯人有气无力地询问我是否看见有人摔落下来,或者是否看到谁的遗体,或者……任何一点东西。他的声音越来越小,他知道,这几乎不可能,即便如此,他还是不想放弃希望。那个俄罗斯人眼睛里一片死灰。我想到塞吉和他妻子双双死在山上的样子,心里很不是滋味。"我究竟还在这里庆祝什么呢?!"顿时,我心里感到空落落的。我很沉重地把手里的啤酒放下,再也没有看它一眼。

那天下午躺在床上的时候,我努力在想,为什么我们能活着走下来。我们究竟是为什么到那里去?我想到塞吉和弗朗西斯,他们俩是这数周以来仅有丧生的人。罗格•别克,另一名新西兰登山者,由于心脏病发作,也在此殒命,他事发地点的海拔更低一些。在珠峰面前,生命真的太脆弱,甚至太微不足道。另一名英国登山者马克•简宁是在下山的路途上丧命,死亡原因是过度疲劳。他们都是经验丰富、体质强健的登山者。我苦思冥想,为何我们活着走下来了,他们却被夺去了宝贵的生命。这实在是不值得。我也找不到答案。即使是一年之后,我依然没有答案。

现在,这些俄罗斯人一个个都深陷悲痛之中。他们失去了两名同志,对任何答案都不感兴趣。我闭上眼睛,脑海里出现了我的老上校当年失去他最好的朋友时说的话。我听见他,用他那特有的深厚的威尔士口音说:"生命的样子,贝尔。生命的样子。"这些话没有回答我的问题,但是,我想到的只有这些话。

冒险深藏于人类天性之中，真正的冒险是要付出代价的。每个人都知道攀登珠穆朗玛峰的危险性，但是，想亲眼见识一下它的愿望让人铤而走险。这些人都有家人，有自己的生活，这至今仍让我感到困惑。

尽管如此，在我心中，那些死于珠穆朗玛峰的人依然是英雄。他们理应获得真正的荣耀，这也是唯一可以让他们的家人感到慰藉的了。

内尔已经两次在珠穆朗玛峰上死里逃生了。当我们并肩走在加德满都的街巷之间，我们试图把在山上的记忆都抛之脑后。走在踏实的地面上，我有一种解放了的感觉。那些人力车到处穿梭，街边小贩紧紧地看护他们的商品，烟雾在窄窄的街巷上空飘浮流窜。眼前的忙忙碌碌似乎把过去几个月的经历和复杂情感都冰封了起来。

而八个月之前，当我从阿玛达布拉峰回来时那股决心，现在，已经没了。它们都在山上消耗光了。那些在街头巷尾售卖的珠峰照片已经失去了过去的魔力，我只是习惯性地扫视几眼罢了。

为了让内尔尽早接受必要的治疗，我们计划在第二天一早返回英国。他的双脚肿胀得厉害，并且伴有水疱，脚趾上那些坏死的组织已经开始腐烂。他跟着我一瘸一拐地走着，就像个垂暮老者。尽管路人不时向我们投来疑惑的目光。但是我们知道，让内尔的双脚保持移动是有好处的，我们不去管那些陌生的眼光，他们不需要知道。

米克和杰弗里也已经乘飞机从卢卡拉到加德满都有一天了。米克回来后，我们没去立刻和他们团聚似乎有点不太合适，但我们之前也不知道他们究竟什么时候才能到，重要的是，我们需要让内尔尽快回国。

在加德满都的最后一晚，我们出去"寻欢作乐"了，内尔"非常幸运地"邂逅了一位漂亮的苏格兰女孩。速度很快嘛，这么想着我自己都笑了起来。很奇怪，我为内尔感到开心，甚至是有点嫉妒。我只能安慰自己现在的状态太差，没有力气再去干这种事了。那天晚上，我回房间休息的时候就像嗑药了一样。在加德满都，海拔才3,000英尺的地方，我醉氧了。

如果一个人直接从海平面飞至珠穆朗玛峰顶，他将在数分钟内失去意识，并很快死亡。这样一片梦想禁地，曾经让我们短暂停留片刻，并且我们都活着回来了。但是，为什么是我们完成了这一切呢？又或者，像一个报道所述，"是什么让一个还乳臭未干的23岁男孩宁愿冒生命危险也要看一眼西藏？"在出发以前，我当时的回答肯定比现在要圆滑得多。如果再问我一次，我猜我的答案一定会简单得多。我不知道，我也没有认真考虑过这个问题。总之，回家总是很开心的事情。

毫无疑问的，珠穆朗玛峰最大的吸引力就在于她的原始。那里有自然的伟力和残酷无情，风追着你，你必须与之进行殊死搏斗；那里有冰雪和鞋底钉摩擦时发出的单调的声音，就好像牙齿咬在冰冻的物体表面。那里原始的美，距离尘世如此遥远，深入高处。正如希拉里所说，"人在其间，就像巨人地盘上的蚂蚁。"在这样的地方，你可以一睹世界上最庞大的山脉在你脚下铺开。这一切，都在吸引着我们前往。当我写下这些字的时候，我依然可以体会到当时的心情，那一幕幕画面又在我的眼前栩栩如生。

我真的不知道自己何时还会再去挑战世界上的其他山峰，那些超过26,000英尺的山峰估计不太可能去了。在那几个月时间里，我好像已经用完了自己九条命中的四条，剩下的嘛，最好还是存进银行以备紧急情况。不过，说老实话，珠穆朗玛峰是我所喜欢的那种山，那里的空气，那里的植被，还有溪流。现在的我，更多的是去享受过程中的美丽，而不是把关注点放在去证明什么。对我而言，这才是真正的高山精神。

回到英国之后，人们常常会用"征服珠穆朗玛峰"这样的表达来祝福我。可是，这话听起来非常错误。我们从来都没有征服过任何一座山峰，是珠穆朗玛峰允许我们走到她的顶端，并且在那么多人丧生的地方，让我们捡了一条命回来。如果硬要说我学到了任何东西，肯定是这个道理。珠穆朗玛峰从来没有未来也不会被征服，正是这一点让这座山峰显得如此特别。

我经常被问到的一个问题是，"你在山上有没有看到上帝？"答案是，没有。你并不需要攀越一座高山才能找到信仰。事实上，当我还是个六岁小孩的时候，我就开始有了信仰。上帝时刻伴随你左右，他是你最好的朋友。如果你要问我，他有没有为我提供什么帮助，那么我的回答是肯定的。当年那些愤世嫉俗的人问约翰·卫斯理上帝是不是他的拐杖，他很温和地回答，"不是，我的上帝是我脊梁骨。"他说得很对。

回到氧气充足的海平面地区，同时，也收获了一堆祝福。风，潮湿又暖和；草，积极生长；空气，带着充足的氧气。但是，这么迅速的环境转变同样也有危险。我们几个人都出现了鼻子出血的情况。米克和乔好几次都晕厥过去，这些都是刚从氧气稀薄的地区返回出现的醉氧情况。好在我们适应得很快，没过几周，那些不适应症状就都消失了。

下次飞机起飞乘务员讲解如何使用机上的紧急安全用具时，我们也没法再次偷偷告诉身边的乘客,如果需要的话,可以拿走我们的呼吸面罩——我们不需要它。

队伍里的其他人,内尔回到了自己在伦敦的公司,办公室项目有限公司。他的双脚恢复得相当好,现在只是有些疼痛而已。虽然现在他的脚还比较麻木,没有感觉,但他保住了所有的脚趾。

1996年,在他离开的那段时间里,内尔的公司业绩上升了25%。现在,他回来了,他又重新找回了自信,他的公司业绩也一路上涨。他回来才不过一个月时间,已经赢来了不少生意,并且他给自己买了一辆超大的宝马,近期还打算购入一条快艇。

当我们在伦敦重聚的时候,我听他说起最近的这些"收获",真为他高兴。如果说有谁值得拥有这一切的话,那个人就是内尔。

(译者注:1999年上半年,内尔·兰顿完成了他登顶世界五大洲最高峰的梦想。并且,1999年夏季,他成功到达北极。)

有趣的是,我和内尔在同一个星期各自都买了一条船,他买了快艇,我的不过是一只九英尺长的旧渔船。不管是什么船,我觉得,正是在山上的那段时间,让我们对海产生了一种秘密的渴望。也许它可以让我们感到自由和平静吧,我不知道。现在,我正在南部海岸一个无人居住的小岛(这里是普勒海港的绿岛,感谢戴维斯家族借给我使用。这里真是太神奇了!)上写这本书。我的渔船已经破了,所以,现在我饥肠辘辘,只能抱怨自己当时怎么买了它。看来只能等小岛主人在周末的时候过来接我了。

杰弗里离开了军队,并且在市政厅找了一份工作。这次的征途,我们有那么多时间都没在一起,实在非常遗憾,但生活就是这样,好在登山的最主要的部分我们是一起完成的。我对于他当时做出返回四号营地的决定依然非常敬佩。在死亡地带,杰弗里表现出理智的智慧。现在，他依然是我非常亲近的朋友。

米克在经历这次远征之后，好像完全换了一个人。他比我认识的任何时候都要温和。从他身上，你可以感受到他对于生命的感激，差一点，他就失去了这一切。米克这么总结了他的想法：

至于"米克在珠穆朗玛——续篇"，看起来是不可能有了。我觉得，金钱、时间、冒险为了完成最后的那300英尺，实在不值得。在过去的三个月里，我比以往任何时候都要快乐，比任何时候都要感到害怕，比任何一个投错了上亿英镑的券商都更有压力。我已经活着回来了，为此，我应该要学会感激。

米克加入了Tiscali电信公司的市场部门。我知道他一定会成功的。

我们的团队经理亨利·托德每年都会回喜马拉雅山脉两次，继续组织各种远征。每年，他几乎有一半的时间都是在这些山里度过。那里是他的家。他还是不停流汗，说话分贝很高，挂着大胡子的脸上会带着亲切的笑容。不管怎样，他的底线是不能出人命。我们大家都非常喜欢他，正是他对我的信念和信任才可能有这个结果。

格雷厄姆也回家和他的家人团聚。一个月之后，为了表彰他在攀登和慈善方面的贡献，他被女王授予了员佐勋章。这个荣誉一直被授予那些最棒的人。由于生病，这次格雷厄姆被迫放弃登顶的尝试，随后，他决定在1999年春天再次返回珠穆朗玛，再次尝试。这将是他第四次登顶尝试。（格雷厄姆·拉特克利夫于1999年5月从南侧成功登顶珠穆朗玛峰，成为第一个从南北两侧登顶珠穆朗玛峰的英国人。）

其他的登山同伴也都各自返回家中。冒险就是这样，当你经历了一段不同寻常的生活后回到家中，发现，一切还是老样子，什么都没变。有味儿的巴士，卖报人喊着新闻标题，喝到才过期一天的牛奶就会有人做出一副痛苦的样子。但是，正是这些琐碎的东西，让回家的感觉变得很好。

至于那些夏尔巴人，他们还在继续自己卓越的工作。帕桑和安色林这两个最好的朋友在他们共同的"司令官"卡米的指导下还在继续攀登。尼玛和帕桑这两个冰瀑医生还在勇敢地继续着他们在冰原上的工作。烛光下，他们坐在帐篷里玩扑克一直到凌晨，笑声回荡在整个大本营。他们俩都经常吸烟。后来，我真的买了一条狗，把她命名为尼玛，虽然我的狗比起尼玛的勇气要差远了。

我的朋友藤巴，我们曾经在二号营地长时间地待在一起，亨利送给了他一个助听器。现在，他可以听清楚了。我从来不敢相信藤巴的笑声还会再大一点，但是，亨利向我证实了这一点。现在，藤巴每天都是和他的夏尔巴伙伴一起在欢笑中度过。明年我要去尼泊尔看望他。

尽管我们来自不同的世界，我们和这些优秀的夏尔巴人之间也有共同的语言，是这片山将我们的友谊紧紧地绑在一起。

曾经，有人问登山者朱利尔斯·库基，一名登山者所具备的素质有哪些，他回答说："可信赖，才华出众，谦虚。"

他们所有人都是完美的印证。正是因为他们，我才有可能走到山顶，我对他们所欠下的岂是几句话可以言尽。

著名的珠峰作家沃尔特·昂斯沃斯曾经用非常生动的笔触描绘过那些把一生都放在山里的那些男男女女。我觉得他的描述非常准确。

但是，总是有那么些人，那些不可得的东西对他们有一种特别的吸引。一般来说，这些人可不是什么专家，可是，他们的雄心和好奇心足以把对他们的一切质疑都一扫而光。决心和信念是他们最强大的武器。这样的人，说得好听是古怪，说得难听是疯子……这些人身上有三个共同点：相信自己，强大的决心和耐力。

1998年6月8日，多塞特，英格兰。我24岁生日后的一天。

我困倦地看了一眼手表，现在是下午3点20分。糟糕，那些猪，我突然想起。我和着衣服在床上睡着了，时间就这么轻悄悄地过去。那些动物会因为饥饿而变得狂躁。"我必须阻止这种午睡继续下去，否则会变成一种习惯。"我喃喃自语道，一边坐起来。

自从回来以后，我的身体就比原来放松了很多。在山上的那些日子，我的体能下降得比我想象的快。我想可能是因为长时间的压力和担心才导致的。即使是在大本营休整的日子里，整天除了睡觉、等待，别的什么都不干的时候，担心害怕还是时不时钻进我的脑子里。担心明天要带什么，还有，可能再也见不到我的家人的害怕。

现在，我感到如释重负。这么长时间以来，我第一次感到身上的压力全都没了，休息自然就好起来了。回来后的那几个星期，每次除了喂喂家里的动物以外，没有什么能打扰到我睡觉……现在我是有多么喜欢我的被子啊。

我的背也出奇的正常。即便是那段负重的日子里，我也只是偶尔感到一些阵痛，一点也没让我失望。尽管背部经常性处于紧张状态，睡在地面上也不舒服，我从来没有再感到疼痛。这真的很令我惊奇。

现在躺在家里的床上，我的背又一次轻微地疼痛。我不禁微微一笑，这么多事情都过去了。看来是现在的生活过于舒服了，我觉得。

我慢慢地从床上爬起来，坐在床沿，环视屋内。我的目光停留在角落里的一个袋子上。我们回来的时候，我所有的装备都被杂乱地堆放起来，一直到现在才开始收拾。这是其中最后一个还没有收拾的了，距离我回来已经过去了四天。

我跪下，开始动作懒散地打开袋子，里面塞满了散发出恶臭的衣服和装备。这是我在大本营最后一晚慌忙打包的，因为第二天一早还要赶直升飞机。我穿了好几个月的袜子已经被压在最下面开始腐烂。它们闻起来和我当时身上的味道差不多。当我站在漂亮的加德满都酒店的前台时，我的袜子正在散发着恶臭。我把它们扔进了我的"立即清洗"的袋子里，继续整理。书、随身听、磁带、药品，它们和我当时在大本营兴奋地塞进去时的样子一点没变。

当我从袋子里拿出一条保暖裤时，一个贝壳从袋子里掉出来。我小心地将贝壳拾起，这可是我在山上的帐篷里最珍贵的物品。这是我和莎拉一起在怀特岛的海滩边捡到的。我把它握在手心，思绪又一次展开。

我记得自己曾经无数次读过贝壳里的刻字。在那些孤独的日子里，其他人都离开了大本营，我因为生病被迫留下；那些害怕最后一次离开二号营地的日子，我不知道未来会怎么对待我。贝壳里的这些话现在读起来还是那么真实。我慢慢地念出来，它们对于我，意味着整个世界。

"要相信,我会一直与你同在,一直到世界的尽头。"

——《马太福音》28:20。

我紧紧地把贝壳攥在手心,让自己记住。它已经陪伴我走过了这么长的旅途。突然,妈妈高分贝的声音从楼下传过来,打破了宁静,我转向声音过来的方向。

"贝尔,贝——贝尔。你已经爬过了珠穆朗玛峰,但是现在你在家里好好待着让体重上去。去喂喂那些猪吧,这是你的事情。贝——贝尔,听见我说的话了吗?"

我笑着,慢慢地站起来,把贝壳放进身上的口袋里,然后一步两个台阶地从楼梯上跑下去,小声地嘟囔着:"该死的小肥猪。"

后记

就在贝尔登顶后的一年，迈克·马修，一名22岁的英国登山者成功攀登珠穆朗玛峰，成为英国最年轻的珠峰登顶者。悲剧的是，下山的时候，他遇到了一场风暴，终因疲劳过度而死。

在贝尔攀登之前，英国最年轻的珠峰登顶者曾是皮特·包德曼。他于1975年在24岁的时候登顶。可悲的是，1982年他与乔·塔斯克一起攀登时不幸遇难。另外一个25岁以下登顶的英国登山者是安德鲁·欧文。欧文死于1924年和乔治·马拉里的远征途中。至今，他们在前往珠峰峰顶途中发生了什么事情仍然是个谜团。本书献给那些再也回不到家的勇敢之士。

虚心的人有福了，因为天国是他们的。

——《马太福音》5，v.2

附录1

1998英国珠峰远征队——官方赞助商

兰登·戴维斯，埃弗里斯特·戴维斯，
特许测量师协会，伦敦
加摩尔投资管理
英国陆海空三军士兵及家属协会
伊顿大学
维珍及莫瑞丽集团
凯瑞摩
卡塔尔航空
杰弗里·亚瑟爵士
百年灵
天美时
凯亚度假
英国电信
约翰·戴根
迈克尔·黛比
英国近卫步兵团
陆地运动基金
卡特里克步兵训练中心家属分会基金
拉扎兹
牛津大学圣胡戈学院
花旗银行
史可必成公司
汉德森·克罗斯维特投资基金
机构经纪人
夏普
松下
酩悦香槟
自由啤酒

附录2

赞 助 商

此次远征是为了奥蒙德街道儿童医院和全国性基金会——英国陆海空三军士兵及家属协会进行筹款，目的是为那些需要的现役和退役的士兵及家属提供帮助。

我们非常感谢许多人士和机构都慷慨解囊，提供了大量帮助。以下是本次筹款的主要捐助者名单：

希斯顿啤酒，吉尼斯·马洪资产管理公司，盛丰，爱尔兰绿旗银行，英国联合莱斯特银行，苏格兰皇家银行国际网络，阿伯丁丘吉尔保险，艾尔伯特·夏普，巴林资产管理，伯明翰米德郡银行，布里坦尼亚建筑协会，哈利法克斯山塞缪尔资产管理公司，汇丰银行有限公司，罗斯柴尔德资产管理，伦敦·曼彻斯特，皮尔森保护与发展，苏格兰公平保险，坦波顿，维珍直线，路捷特传播，布里斯托怀斯特银行，德胜克雷文本森研究公司，亨德逊投资，德胜克雷文本森，兰森公关，水星资产管理，乔姆利·比肖夫兄弟，路德·潘龙传播，柏喜乐传播，伍利奇按揭贷款公司，南赛琪高中，莫里市场研究，比迪克哈里斯公关，大道营销，切西德维尔金融顾问，切尔西建筑协会，克劳尼亚-考文垂建筑协会，金融动态公关，程里环球有限公司，托马斯·库克旅游，约克郡建筑协会，布鲁因·多芬贝尔有限责任公司，嘉诚证券，金融与商业出版有限公司，兰森传播，拉思伯恩兄弟，斯利普顿建筑协会，沃克·克里普斯，布朗斯维克公关，诺维奇·彼得波诺夫建筑协会本次远征一共为奥蒙德街道儿童医院筹集了52,000英镑善款，为英国陆海空三军士兵及家属协会筹集了13,000英镑善款，为彩虹信托筹集了30,000英镑善款（彩虹信托服务于那些患有不治之症的儿童及其家属）。

到目前为止，贝尔和他的远征队一共为全世界的儿童筹集了约200万美元的善款。

更多信息请访问贝尔•格里尔斯的网站：

www.beargrylls.com